国家自然科学基金面上项目（42276068、41772091、41472085、41172102、40772073、40472063）
广州海洋地质调查局外协项目（GZH2011003-05-06-03）
联合资助

海洋天然气水合物地质系统沉积物中自生矿物

AUTHIGENIC MINERALS IN SEDIMENTS AT MARINE GAS HYDRATE GEOSYSTEM

王家生　等编著

图书在版编目(CIP)数据

海洋天然气水合物地质系统沉积物中自生矿物/王家生等编著. —武汉:中国地质大学出版社,2024.9. —ISBN 978-7-5625-5967-2

Ⅰ. P578

中国国家版本馆 CIP 数据核字第 2024FX4517 号

海洋天然气水合物地质系统沉积物中自生矿物		王家生　等编著
责任编辑:李焕杰	选题策划:王凤林	责任校对:宋巧娥

出版发行:中国地质大学出版社(武汉市洪山区鲁磨路 388 号)　邮编:430074

电　话:(027)67883511　传　真:(027)67883580　E-mail:cbb@cug.edu.cn

经　销:全国新华书店　http://cugp.cug.edu.cn

开本:787mm×1092mm　1/16　字数:174 千字　印张:7

版次:2024 年 9 月第 1 版　印次:2024 年 9 月第 1 次印刷

印刷:广东虎彩云印刷有限公司

ISBN 978-7-5625-5967-2　定价:58.00 元

《海洋天然气水合物地质系统沉积物中自生矿物》编委会

主　　编：王家生

参编人员：王　舟　陈　粲　林　杞　马晓晨
岑　越　刘佳睿　赵　洁　林荣骁
许力源　黄　超

前 言

海洋天然气水合物地质系统是现代海洋环境中与水合物成藏演化过程密切相关的特殊地质系统，在其沉积物中赋存有大量天然气水合物或甲烷水合物(俗称“可燃冰”)，构成了全球重要的碳库。海洋天然气水合物藏的稳定与否将直接影响海洋沉积环境、海洋生态、全球气候和全球碳库平衡。在海洋天然气水合物藏的形成和演化过程中，甲烷等烃类气体的产生、运移、储存、消耗等过程，直接影响了海洋沉积物中流体的化学组成、化学反应过程和流体运移特征等。本专著聚焦现代海洋天然气水合物地质系统下沉积物中甲烷等烃类气体与上覆海水之间交换过程中自生矿物的形成过程，重点阐述了自生矿物的类型、形貌、组合、含量、分布、碳-氧-硫等稳定同位素和元素地球化学组成，特别是甲烷厌氧氧化作用所形成的自生矿物形成机制，进而探讨了海洋天然气水合物地质系统中自生矿物的地质-地球化学特征及其对水合物的成藏演化过程和古海洋学的研究意义。

本专著由王家生策划设计、编写提纲、修改校对和统编定稿等。其中，第 1 章、第 2 章、第 3 章 3.1 节和 3.5 节、第 4 章主要由王家生编写；第 3 章 3.2 节主要由王舟编写；第 3 章 3.3 节主要由陈粲编写；第 3 章 3.4 节主要由马晓晨编写。

本专著主要内容源自中国地质大学(武汉)海洋学院王家生教授的研究团队集体成果，汇集了团队成员 20 多年来在海洋天然气水合物研究领域的科研成果，特别是已毕业离校研究生的学位论文(林杞、刘佳睿、岑越、赵浩、林荣骁、许力源、黄超等)，谨此王家生(主编)向各位研究生表示衷心的感谢和深深的祝福。

由于作者水平所限，书中难免存在疏漏和不妥之处，敬请同行专家和读者批评指正。

王家生

2024 年 7 月 3 日于南望山下

目 录

第 1 章　海洋天然气水合物地质系统

1.1　天然气水合物概述

1.1.1　基本概念

天然气水合物(natural gas hydrate)是一种主要由甲烷等烃类气体和水分子组成的具有笼型晶体结构的白色似冰状固态物质(Sloan,1998,2003),通常形成在相对低温和高压地质背景的海洋沉积物与陆地永久冻土中。由于天然气水合物中烃类气体主要是甲烷(methane,CH_4),天然气水合物也常被称为"甲烷水合物"(methane hydrate);又由于其可被直接点燃,故俗称"可燃冰"(图 1.1)。

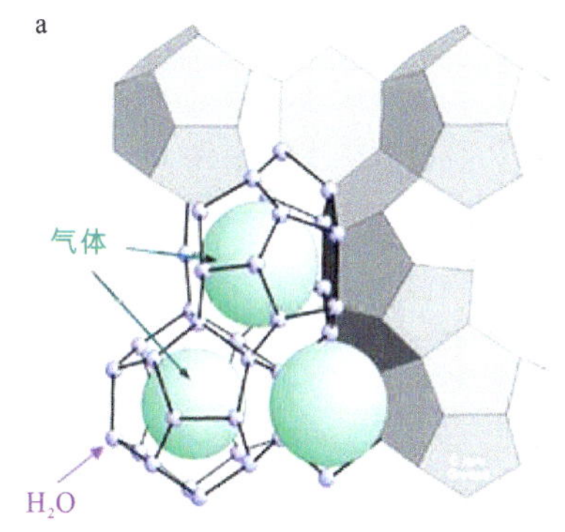

图 1.1　天然气水合物的笼型晶体结构示意图、实物样品(Zhang et al.,2015)和燃烧时照片(*Science* 期刊封面照)

迄今为止,自然界中所观察到的天然气水合物笼型晶体结构主要有 3 种类型:Ⅰ型水合物、Ⅱ型水合物、H 型水合物。Ⅰ型结构的水合物笼子为立方体结构,分子通式为 Gas・5.75H_2O,其中的气体组分通常为大半径分子,例如甲烷、乙烷、二氧化碳等;Ⅱ型结构的水合物笼子为菱形体结构,分子通式为 Gas・5.83H_2O,其中的气体组分通常为丙烷和异丁烷等烃类气体;H 型结构的水合物笼子为六方晶系结构,分子通式为 Gas・5.80H_2O,相比于Ⅰ型和Ⅱ型结构的水合物,H 型结构的水合物笼子能包容更大半径的气体分子,除了常见烃类气体之外还可以包含原油分子和其他大分子气体。

一般来说，甲烷和乙烷可单独形成Ⅰ型结构的天然气水合物；丙烷和异丁烷可单独形成Ⅱ型结构的天然气水合物。不同海域、不同气源和不同地质演化史的海洋沉积物中，天然气水合物的晶体结构可以存在较大差异。

1.1.2 天然气水合物的分布和资源效应

现代地球上天然气水合物主要分布于大陆边缘的海洋沉积物中，少量分布于高纬度和高海拔的永久冻土带及内陆湖泊沉积物中（Kvenvolden，1993）（图1.2）。全球范围内天然气水合物的资源量巨大，据估计其中的甲烷碳资源量约10 000Gt（Kvenvolden and Lorenson，2013），大致是目前陆地上已探明的传统化石类燃料中（石油、煤、天然气）碳资源量的2倍（Collett et al.，2014；Kvenvolden，1993；Suess et al.，1999），是地球碳库中十分重要的组成部分。通过实验发现，在标准状态下1m^3的甲烷水合物（Ⅰ型）可以分解释放出约180m^3的甲烷气体（Boswell and Collett，2011；Sloan，2003），因此天然气水合物被认为是21世纪潜在的绿色清洁能源，在中国被命名为第173个矿种（Li J et al.，2018；张光学等，2017）。当然，它也是海洋地质灾害发生的主要触发因素之一。从20世纪90年代开始，天然气水合物已成为世界大国竞相关注的国家战略资源和国际地域政治关注热点。由于甲烷气体是地球大气中重要的温室气体，其储热效应是二氧化碳的25倍，其温室效应在20年时间内是二氧化碳的约80倍（Sobanaa et al.，2024），因此水合物的成藏演化历史与全球气候变化之间的联系也是全球科学家关注的热点问题之一（Ruppel and Kessler，2017）。

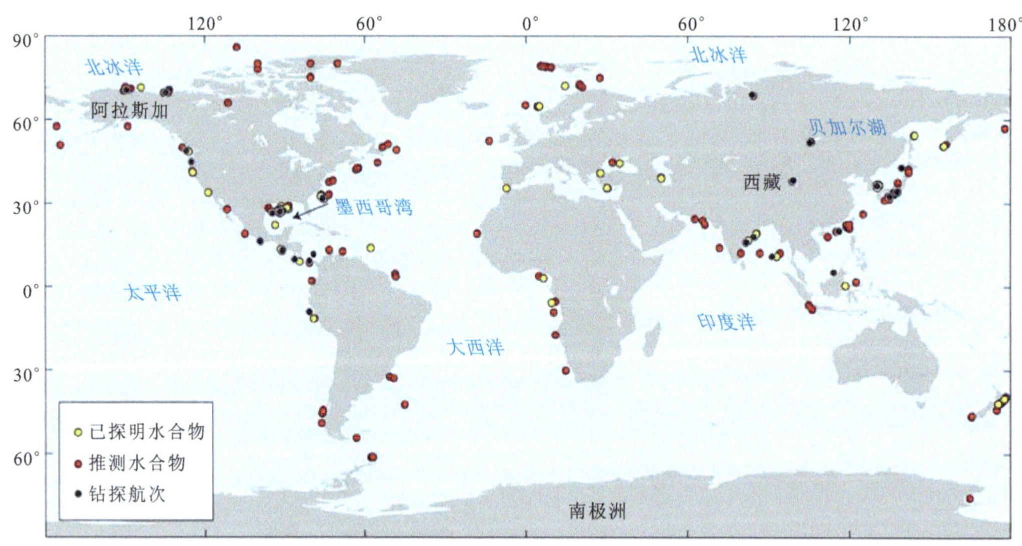

图1.2 全球天然气水合物资源分布示意图（修改自Liu C，2023）

1.1.3 如何寻找天然气水合物

地质学、地球化学和地球物理学的理论与技术方法是目前寻找和识别天然气水合物藏的主要勘查手段。地质学上主要包括沉积物特征、沉积物（地层）的接触关系、气体运移通道和水合物实物样品获取等，如海底发育的泥火山等构造（Milkov et al.，2004）、岩芯柱沉积物的汤状构造(soupy structure)、特征性自生矿物(自生碳酸盐岩、黄铁矿、重晶石等),通常用于指示天然气水合物的成藏特征和演化历史(Jørgensen et al.,2004;Peckmann et al.,2001a;Sassen et al.,2004;Torres et al.,1996;Ussler and Paull,1995)。地球化学上主要指沉积物中孔隙水地球化学特征和烃类气体的组成等。例如,岩芯沉积物中孔隙水的氯离子浓度变化特征可以指示天然气水合物藏的稳定带厚度范围(Torres et al.,1996);天然气水合物形成过程中排离子效应导致了孔隙水中离子浓度的变化和盐度增加(Suess et al.,1999;Ussler and Paull,1995);天然气水合物形成过程中优先结合 $H_2{}^{18}O$ 导致了天然气水合物分解时孔隙水中的氧同位素组成趋向正偏(Bohrmann et al.,1998;Ussler and Paull,1995)。地球物理学上主要依据特征性地震反射剖面识别和各种测井数据解释,目前大多数海洋天然气水合物藏的识别主要通过海底沉积物地震剖面中似海底反射面(bottom simulating reflectors,BSR)确认(陈汉宗和周蒂,1997;Kvenvolden and Lorenson,2013;Zhang et al.,2015),即海洋沉积物中天然气水合物藏的底界通常是一条大致平行于海底的高振幅、负极性和横向连续的地震反射层(图 1.3)。

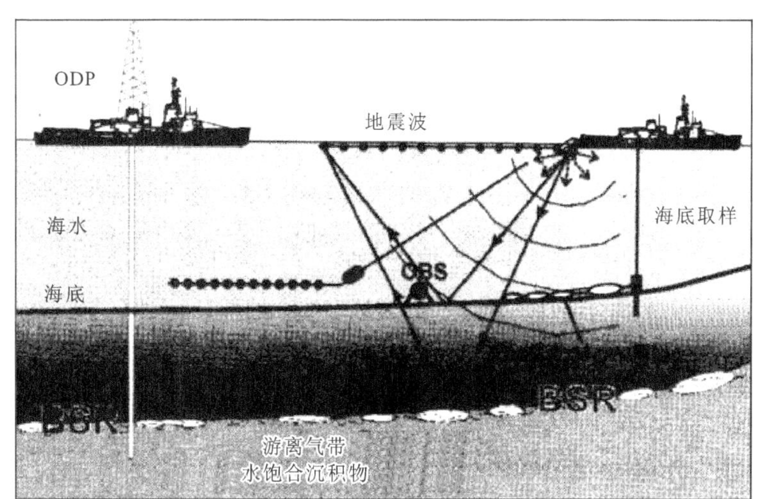

图 1.3　海洋天然气水合物藏底界的 BSR 反射层(修改自陈汉宗和周蒂,1997)

OBS. 海底地震仪(ocean bottom seismometer);ODP. 大洋钻探计划(ocean drilling program)。

1.1.4　海洋天然气水合物藏的动态稳定和甲烷异常渗漏事件

海洋天然气水合物藏的稳定带(gas hydrate stability zone,GHSZ)范围会随着时间和温压等背景条件的变化而动态调整。当海洋水合物成藏海域的温压条件发生改变时,如构造抬升、冰期海平面下降和全球海水升温等发生变化时,海洋沉积物中的天然气水合物藏会失稳,进而发生分解释放出异常多数量的甲烷等烃类气体(简称"甲烷渗漏事件"或"甲烷事件"),导致海洋沉积孔隙流体中出现异常高浓度的甲烷。相反,当海平面上升、沉积速率增加和地热梯度降低时,海洋大然气水合物藏则趋于更加稳定。

在漫长的地质历史演化过程中,古海洋的"甲烷事件"(methane event,ME)可能对海洋沉积环境、成矿作用、生态环境和气候效应等产生重要影响。例如,古新世—始新世的全球极热事件(Paleocene - Eocene thermal maximum,PETM)(Dickens,2004)和海洋酸化事件

(Zachos et al.,2005)、新元古代“雪球地球”冰期的终结(Jiang et al.,2003;Wang et al.,2008)和大塘坡锰矿的形成(周琦等,2007)等重大地球环境突变事件,可能均与古海洋天然气水合物藏失稳引起的异常多数量甲烷渗漏事件有关,并可能导致了新元古代陡山沱组形成初期的古海洋中硫酸盐浓度达到现代海洋水平(Peng et al.,2022)和大气中异常高浓度的CO_2分压等(Bao et al.,2008)。

1.1.5 天然气水合物的研究简史

人类认识天然气水合物已有200多年的历史。早在1810年英国科学家Humphry Davy在实验室里人工合成了氯气水合物($Cl_2 \cdot 10H_2O$)。随后,其他气体的水合物被相继合成。1934年在寒冷地区的输气管道中发现了可以燃烧的“冰块”,人类第一次认识到自然条件下甲烷水合物的存在。20世纪60年代中期苏联在北极圈内可克拉斯雅尔地区麦雅哈气田的开采过程中首次发现了天然气水合物藏,并于1968年通过注热、化学剂等方法开始试采。70年代初苏联、美国和日本在海洋油气勘探中相继发现了存在于海底以下一定深度的天然气水合物稳定层。之后有多国政府机构、学术组织甚至大型企业开展了天然气水合物的调查(Kvenvolden,1993;Collett et al.,2014),如综合大洋钻探计划(integrated ocean drilling program,IODP)311航次,印度国家天然气水合物计划(national gas hydrate program,NGHP)、韩国郁陵盆地天然气水合物钻探航次(gas hydrate drilling expedition in the Ulleung basin,UBGH)等。

深海钻探计划(deep sea drilling project,DSDP,1968—1983)、大洋钻探计划(ocean drilling program,ODP,1985—2003)、综合大洋钻探计划(2003—2013)和国际大洋发现计划*(international ocean discovery program,IODP,2013—2023)是地球科学研究历史上规模最大、影响最为深远的国际合作研究计划,在中美洲海沟(DSDP 67航次、DSDP 84航次)、墨西哥湾(Gulf of Mexico,DSDP 96航次)、秘鲁边缘海(ODP 112航次、ODP 201航次)、西北太平洋鄂霍茨克海(Sea of Okhotsk)、黑海(Black Sea)、日本南海海槽(Nankai Through,ODP 131航次、ODP 190航次和ODP 196航次)、美国东南外海布莱克海台(Blake Ridge,DSDP 76航次和ODP 164航次)、东北太平洋卡斯卡迪亚大陆边缘[Cascadia Continental Margin,ODP 146航次、ODP 204航次(Hydrate Ridge)和IODP 311航次]等成功地实施了长岩芯钻探和取样工作。21世纪初的全球勘查总结表明,已经有19个地区获得了天然气水合物实物样品,另外至少有77个地区推测存在天然气水合物藏(Kevenolden and Lorenson,2013)。

中国海域的天然气水合物研究起步相对较晚,21世纪初在南海北部、东海冲绳海槽等海域开展了大量天然气水合物资源调查、勘查和试验性开采。中国地质调查局等单位参与的2004年中德合作的SO-177航次在台西南海域发现大量自生碳酸盐结壳和大面积菌席与双壳类(Han et al.,2008);2007年、2013年、2015年、2016年、2018年和2019年分别在南海北部陆坡的神狐海域、珠江口盆地东部和西部、西沙海槽和琼东南等实施了钻探取样与试采工程(张光学等,2017;Li et al.,2018),并取得了一系列研究成果,天然气水合物(可燃冰)也被正式命名为中国的第173个矿种。

---

* 本书中IODP311航次、323航次均指综合大洋钻探计划;IODP353航次指国际大洋发现计划。

1.2　海洋天然气水合物地质系统概述

海洋天然气水合物地质系统是现代海洋环境中与水合物成藏演化过程密切相关的特殊地质系统。从地球圈层系统上分析，海洋天然气水合物的成藏过程是地球水圈和固体地球圈之间的圈层相互作用的产物(图 1.4a)。

海洋天然气水合物藏的形成过程与沉积有机质的埋藏、生烃转化和储运过程密切相关(吴能友和苏明，2020；Arning et al.，2016；LaRowe et al.，2020)。伴随陆源碎屑沉积颗粒一起埋藏的沉积有机质(deposited organic carbon)经历了有机质的有氧氧化作用、硝酸盐-锰-铁氧化物的还原过程中贫氧-厌氧氧化作用、硫酸盐还原过程中厌氧氧化作用等，最后在沉积层中残存下来的有机质通过微生物降解和/或热降解作用后被转化为甲烷等烃类气体。这些烃类气体会随着沉积流体上涌，它们也可与深部的油气藏中被微生物二次改造后的烃类组分等联合一起上涌，在海洋沉积柱的低温和高压背景深度范围内与沉积物中孔隙水结合形成了似冰状的固态物质"天然气(甲烷)水合物"(图 1.4b)。通俗地讲，现代海洋天然气水合物藏主

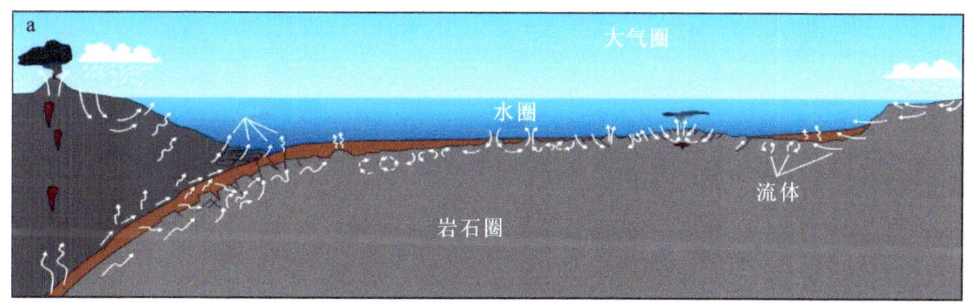

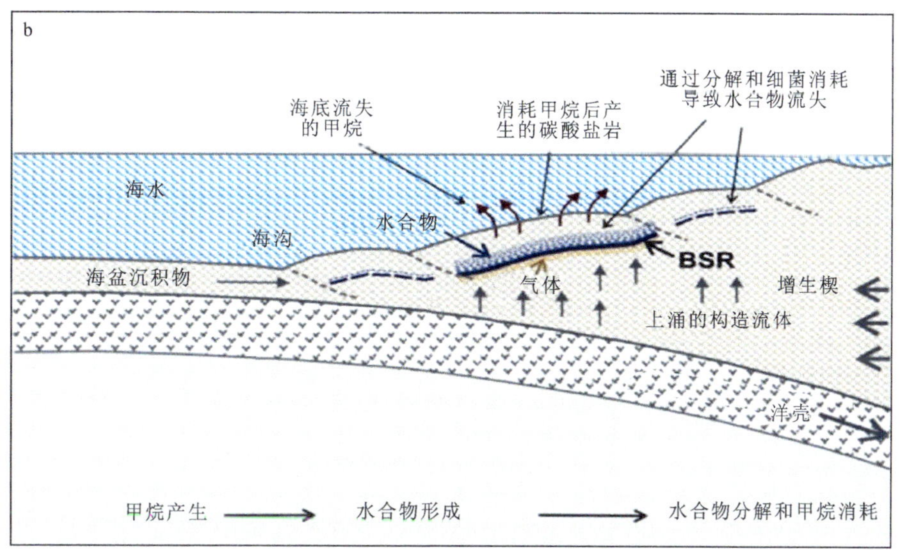

图 1.4　地球圈层相互作用(a)和海洋天然气水合物循环(b)示意图(修改自 Suess et al.，1999)

a.大气圈、水圈、岩石圈的边界示意图，指示海底是"漏"的，即底层海水与下伏沉积物之间存在广泛的流体交换过程；b.大陆边缘水合物藏分布示意图，指示海洋天然气水合物主要发育于沉积柱的浅表层，其底界为地震剖面上似海底反射面 BSR，代表海洋天然气水合物藏的底界面。

要发育在海洋沉积柱的浅表层，其稳定带的下限深度通常为数百米，上限可至海底表面。海洋天然气水合物藏的气源主要来自沉积物中有机质的降解气、下伏沉积物中游离气和/或更深处的油气藏等。海洋天然气水合物、下伏游离气和深埋油气藏在海洋沉积柱的垂向结构上组成了“三层楼”式特殊地质系统。

海洋天然气水合物地质系统与海洋沉积有机质的埋藏、生烃转化、气体储运、水合物成藏演化等密切关系。海洋沉积柱中甲烷等烃类气体的产生、运移、储存、消耗等过程也直接影响了海洋沉积物中孔隙流体的组成、沉积物矿物和元素组成、底层海水的氧化还原沉积环境等。同时，海洋天然气水合物藏的稳定带深度和分布范围也是动态变化的，海水与沉积物之间流体交换过程、沉积物不断压实埋深、烃类气源供给速度变化和/或沉积柱背景温-压变化等因素，可以使得海洋天然气水合物的稳定带范围和深度发生显著迁移。

第 2 章　海水–沉积物界面之间流体交换过程

2.1　海水–沉积物界面附近地球化学环境分带和动态平衡

2.1.1　海水–沉积物界面附近地球化学环境分带

海水与沉积物之间流体交换过程是地球圈层系统中水圈(海水)与岩石圈(沉积物)之间圈层相互作用的重要部分,伴随有复杂的生物地球化学反应和元素循环过程,同时形成了一套独特的地质和地球化学记录(图 2.1)。

在垂向上,根据氧化还原微环境条件和沉积流体中物质组成的浓度差异等可以将海水–沉积物界面划分为多个地球化学环境分带(林杞,2016)。自浅至深海水与沉积物界面附近的氧化还原微环境依次为有氧呼吸带、NO_3^- 还原带、Mn 还原带、Fe 还原带、硫酸盐还原带(sulfate reduction zone,SRZ)、硫酸盐–甲烷转换带(sulfate methane transition zone,SMTZ)和产甲烷带。

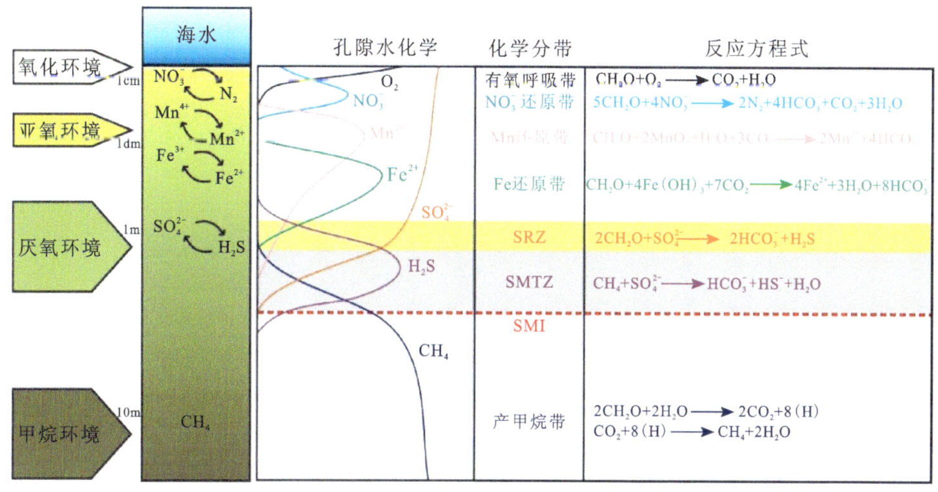

图 2.1　海洋沉积柱地球化学分带和主要化学反应示意图(修改自林杞,2016)

SMI. 硫酸盐–甲烷界面(sulfate methane interface)。

海洋环境中沉积有机质在沉降过程中可与底层海水中少量的溶解氧和沉积物中其他的氧化剂(如锰–铁氧化物类矿物、溶解态硝酸盐和硫酸盐等)发生氧化还原反应,由浅至深依次发生有氧呼吸作用、反硝化作用、Mn 还原作用、Fe 还原作用、硫酸盐还原作用和产甲烷作用等复杂的地球化学环境分带。在常温常压标准状态下，不同的化学反应有不同的自由能(ΔG)差异(Whiticar,2020)(表 2.1)。从化学反应的自由能值可知，在常温常压标准状态下海水-沉积物界面附近的化学反应似乎均难以自发地持续进行，即需要外界能量的补给才能实现这些化学反应，其中的自由能大小差异决定了这些化学反应需要外界能量补给的程度。然而，海水-沉积物界面附近的温度和压力与标准状态存在较明显的差异。在海洋天然气水合物赋存海区，沉积物中低温高压背景和各种微生物的催化作用可能使得这些化学反应过程表现出截然不同的反应速率。此外，海水-沉积物界面附近的元素地球化学分带之间的界限在空间位置上也并非截然的，通常会有所重叠；多种氧化剂及反应产物具有迁移性，导致各地球化学分带存在动态变化性。

表 2.1　海水-沉积物界面附近流体交换过程中部分化学反应的自由能(Whiticar, 2020)

化学反应	反应式	ΔG (kJ · mol^{-1}, 25℃)
乙酸的有氧氧化	$CH_3COOH + 2O_2 \longrightarrow 2CO_2 + 2H_2O$	−818
甲烷的有氧氧化	$CH_4 + 2O_2 \longrightarrow CO_2 + 2H_2O$	−883
乙酸的厌氧氧化-硝酸根还原	$CH_3COOH + 8/5NO_3^- + 8/5H^+ \longrightarrow 4/5N_2 + 2CO_2 + 14/5H_2O$	−848
乙酸的厌氧氧化-铁还原	$CH_3COOH + 8Fe^{3+} + 2H_2O \longrightarrow 8Fe^{2+} + 2CO_2 + 8H^+$	−495
乙酸的厌氧氧化-硫酸根还原	$CH_3COOH + 2H^+ + SO_4^{2-} \longrightarrow 2CO_2 + H_2S + 2H_2O$	−133
甲烷的厌氧氧化-硫酸根还原	$CH_4 + SO_4^{2-} + H^+ \longrightarrow CO_2 + HS^- + 2H_2O$	−21
乙酸产甲烷过程	$CH_3COO^- + H^+ \longrightarrow CO_2 + CH_4$	−36
甲醇产甲烷过程	$CH_3OH + H_2 \longrightarrow CH_4 + H_2O$	−113
二氧化碳-氢气产甲烷过程	$CO_2 + 4H_2 \longrightarrow CH_4 + 2H_2O$	−131

通常情况下，由于海洋沉积物中溶解态 NO_3^- 和氧化态 Mn^{4+}、Fe^{3+} 等相对含量较低，因此与它们相对应的地球化学反应分带的深度范围也比较窄(厘米级)(Thamdrup,2000)。相比之下，沉积物中通常含有较高的有机质和溶解态硫酸盐组分，使得与硫酸盐还原反应相关的有机质厌氧氧化作用和甲烷厌氧氧化作用相对明显且具有较宽的深度范围(几米至数十米)。

硫酸盐还原细菌(sulfate - reducing bacteria, SRB)参与的沉积有机质厌氧氧化(organoclastic sulfate reduction, OSR)(式 2.1)和甲烷厌氧氧化(anaerobic oxidation of methane, AOM)(式 2.2)消耗了几乎所有从海底下渗的硫酸根离子组分，同时也消耗了大量沉积物中有机质组分和沉积流体中 90%以上甲烷组分(冯东和宫尚桂，2019；林杞，2016；Boetius et al., 2000; Borowski et al., 1996; Dickens, 2001; Gieskes et al., 2005; Jørgensen and Kasten,2006;Leavitt et al. ,2013;Mohamed,et al. ,2011;Reeburgh,2007;Suess et al. ,1999)。海洋沉积有机质在缺氧环境下可以被从海底下渗的海水硫酸根离子还原而厌氧氧化。与此同时,自深部上升的沉积流体中甲烷厌氧氧化(AOM)反应可以将沉积流体中硫酸根离子消耗殆尽。也正是 AOM 反应天然地保护了当今地球的宜居环境免受甲烷渗漏过程中甲烷的厌氧氧化作用可能造成的海水缺氧、酸化和甲烷温室气候效应等(王成善等,2017;Bains et al. ,1999;Dickens,2004;Glasby,2003;Heilig,1994;Jørgensen et al. ,2004,2006;Kopf,2003;Lelieveld,et al. ,1993;Zachos et al. ,2005)。此外,由于现代海水的硫酸根离子浓度约 28mmol(Hoareau et al. ,2011),所以 OSR 主导的硫酸盐还原带和 AOM 主导的硫酸盐还原带的发育位置、深度范围和化学反应速率将分别由陆源输入的沉积有机质通量(由上至下)和深部向上渗漏的甲烷流体通量(由下至上)来决定。

$$2(CH_2O)+SO_4^{2-}\longrightarrow 2HCO_3^-+H_2S \tag{2.1}$$

$$CH_4+SO_4^{2-}\longrightarrow HCO_3^-+HS^-+H_2O \tag{2.2}$$

如何从地质学和地球化学指标上有效地区分 OSR 过程与 AOM 过程的差异性一直是学者关注的科学问题。研究表明,海洋沉积物中硫循环主要受异化性硫酸盐还原(dissimilatory sulfate reduction,DSR)驱动(Jørgensen et al. ,2019),大多数硫还原反应所产生的硫化物会被氧化成各种硫中间产物,最终形成硫酸盐。海洋沉积物中的硫循环过程包括了一般化学反应和微生物催化的化学反应,硫酸盐(SO_4^{2-})通过 OSR 反应与 AOM 反应被还原成硫化物(H_2S、HS^-、S^{2-}),部分硫化物会与铁等金属离子或有机质反应形成较稳定的物质(如黄铁矿)埋藏在沉积物中(图 2.2)。

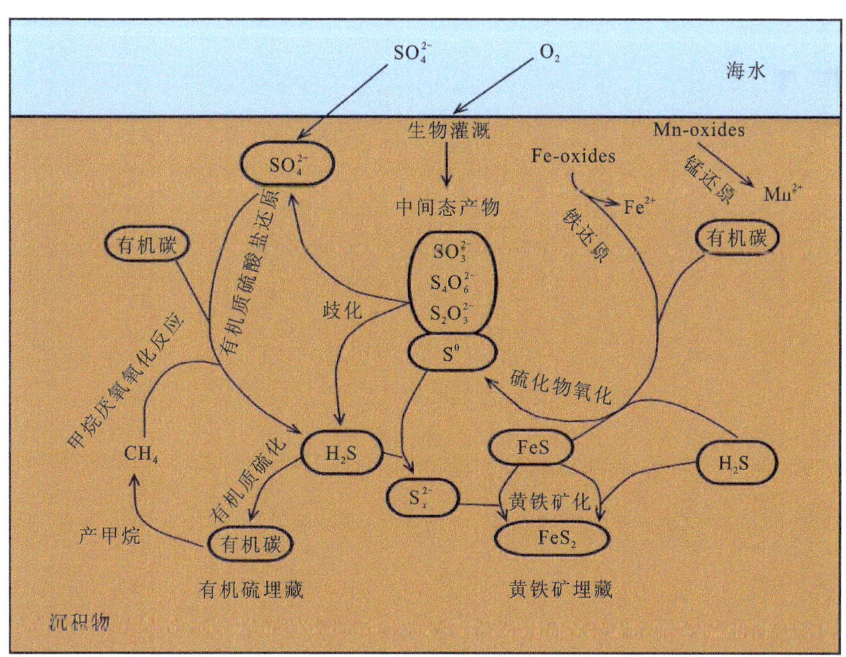

图 2.2 海洋沉积物中硫的生物地球化学循环(修改自 Jørgensen et al. 2019)

化学性质稳定的黄铁矿是铁硫矿物形成过程的终端产物，是一个重要的深部硫库，其形成主要通过两个途径：①多硫化物途径；②硫化氢途径(Rickard，1997，1995)。此外，铁锰氧化物或氢氧化物参与的硫还原过程基本发生在表层沉积物中，但 Fe^{3+} 也可能被埋藏在沉积物深部并作为氧化剂参与硫化物反应，产生的 Fe^{2+} 会与多余的硫化物结合形成铁硫化物(FeS)和黄铁矿(FeS_2)。

海水中溶解的硫酸盐、海洋沉积物中硫化物和蒸发盐中硫酸盐是全球无机硫循环中的3个主要的硫库，SO_4^{2-}、黄铁矿(FeS_2)和石膏($CaSO_4 \cdot 2H_2O$)分别是3种不同硫库中主要硫物质形态(Bottrell and Newton，2006)。在沉积物早期成岩过程中，不同类型的硫库可以相互转换。海水中溶解的硫酸盐主要通过两种方式转化：①有机质参与的硫酸盐还原反应形成硫化物(式2.1)(Jørgensen，1982)和/或甲烷厌氧氧化古菌(anaerobic methanotrophic archaea，ANME)与硫酸盐还原细菌(sulfate - reducing bacteria，SRB)(Boetius et al.，2000；Orphan et al.，2002；Hinrichs et al.，1999)协同作用下的甲烷厌氧氧化反应(式2.2)(Borowski et al.，1996；Niewöhner et al.，1998)；②直接以蒸发盐的形式沉淀，最常见的矿物是石膏($CaSO_4 \cdot 2H_2O$)(Chang et al.，1998)。75%～90%的硫化物会被再次氧化而返回到硫循环(Bottrell and Newton，2006)，剩余的硫化物主要作为稳定态的黄铁矿(FeS_2)保存于沉积物或地层的地质记录中。在泥火山和卤盐丘等特殊地质背景中，海洋沉积柱深部的硫酸盐类矿物的溶解与随沉积流体的上涌过程也可以重新改变沉积物中孔隙水的地球化学组成和参与早期成岩过程中硫循环(Haffert et al.，2013；Huguen et al.，2009)。

硫酸盐还原反应产生 H_2S 可以视为硫循环过程的开始，其始端为氧化态的 SO_4^{2-}，终端为还原态的黄铁矿。硫酸盐还原反应产生的 H_2S 主要有两种去向：①向上扩散到沉积物的氧化带内或水体中，不完全氧化为单质硫(式2.3)等中间产物或完全氧化为 SO_4^{2-}(Böttcher and Thamdrup，2001)；②与孔隙水中的活性铁组分反应，首先生成亚稳定态的FeS(式2.4)(Rickard，1995)，之后再通过一定的途径转化为稳定态的黄铁矿(式2.5～式2.7)(Luther，1991；Rickard，1995，1997；Wilkin and Barnes，1996)。反之，单质硫等中间产物可以在微生物作用下发生歧化反应，同时生成 H_2S 和 SO_4^{2-}(式2.8)(Canfield and Thamdrup，1994；Thamdrup et al.，1993)；铁硫化物在适当的氧化剂作用下也可以被氧化为单质硫等中间产物(式2.9)或硫酸盐(式2.10)(Schippers and Jørgensen，2001，2002)。

$$4H_2S + 4MnO_2 \longrightarrow 4S^0 + 4Mn^{2+} + 8OH^- \quad (2.3)$$

$$H_2S + Fe^{2+} \longrightarrow FeS + 2H^+ \quad (2.4)$$

$$FeS + S^0 \longrightarrow FeS_2 \text{ 或 } FeS + S_n^{2-} \longrightarrow FeS_2 + S_{n-1}^{2-} \quad (2.5)$$

$$2FeS + 1/2H_2O + 3/4O_2 \longrightarrow FeS_2 + FeOOH \quad (2.6)$$

$$FeS + H_2S \longrightarrow FeS_2 + H_2 \quad (2.7)$$

$$4S^0 + 4H_2O \longrightarrow 3H_2S + SO_4^{2-} + 2H^+ \quad (2.8)$$

$$FeS + 3/2MnO_2 + 3H^+ \longrightarrow Fe(OH)_3 + S^0 + 3/2Mn^{2+} \quad (2.9)$$

$$FeS + 4MnO_2 + 8H^+ \longrightarrow Fe^{2+} + SO_4^{2-} + 4Mn^{2+} + 4H_2O \quad (2.10)$$

有机硫是另一重要的海洋沉积过程中的深部硫库。硫的中间态产物，如单质硫(S^0)、硫代硫酸盐($S_2O_3^{2-}$)、连四硫酸盐($S_4O_6^{2-}$)和亚硫酸盐(SO_3^{2-})可以与有机质结合形成有机硫。这些硫中间态产物可被还原成硫化物，或进一步氧化成硫酸盐，或歧化同时生成硫化物与硫酸盐(Canfield and Thamdrup，1994)。在极度硫化环境中，沉积流体中部分硫化物可以上涌至沉积物表层被电缆菌、大型硫细菌(如 *Beggiatoa* spp.)或者其他未知的氧化剂等直接氧化为硫酸盐。

2.1.2　硫酸盐-甲烷转换带(SMTZ)的动态平衡

前人十分关注海洋沉积物与海水之间流体交换过程中孔隙水地球化学特征，因此硫酸盐-甲烷界面(sulfate methane interface，SMI)的概念被广泛使用，按其定义可以简单地理解为海洋沉积柱自浅至深的孔隙水硫酸根离子浓度首次降为零的位置(见图 2.1)，其底界通常可以认为是现代海洋沉积物中硫酸盐-甲烷转换带(sulfate methane transition zone，SMTZ)的位置。随着研究的不断深入，人们逐渐意识到硫酸盐-甲烷界面(SMI)强调的是"界线"的概念，而 SMTZ 强调的是"区带"的概念，后者明显与海洋沉积环境中地球化学环境分带的概念更相匹配。并且，甲烷厌氧氧化作用主导下的一系列化学反应过程通常发生在一定的深度区间范围内，而非仅仅局限于某一深度"界线"位置。因此，目前在海洋沉积环境研究中通常更多地使用 SMTZ 的概念，用以表述其内发生的一系列复杂物理、化学和微生物过程。

大陆边缘海洋沉积物中 SMTZ 分布深度存在一定的变化趋势(图 2.3)(Borowski et al.，1999)，总体上从浅水向深水区域沉积物中 SMTZ 底界深度(SMI)由浅至深变化，幅度可从数厘米向数百米变化。SMTZ 内发生的一系列生物地球化学反应(见图 2.1)不仅影响了孔隙水的地球化学特征(如 pH、碱度和氧化还原条件等)，也控制了沉积物中自生矿物的形成，这一现象既有普适性又有特异性。

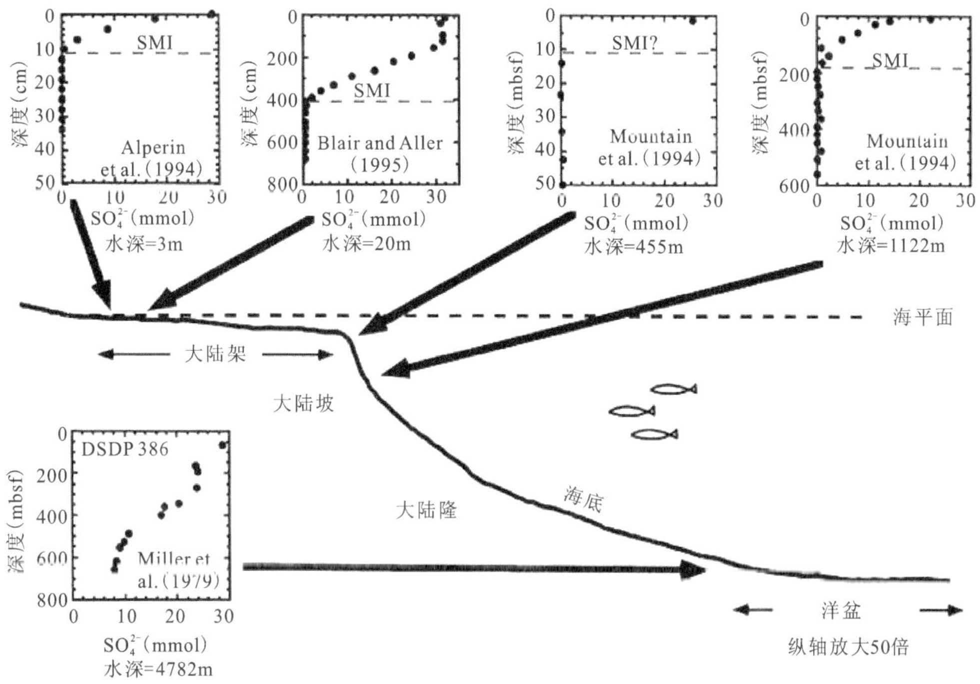

图 2.3　大陆边缘沉积中硫酸盐-甲烷转换带(SMTZ)的深度变化趋势图(修改自 Borowski et al.，1999)

SMTZ 普适性表现在:大陆边缘沉积环境中 SMTZ 是普遍存在的,但不同海域沉积条件差异可导致其发育深度有所差异(图 2.3),究其根本原因可能与深部埋藏有机质的产甲烷能力有关。总体上从近岸至远岸,随着沉积物中有机质含量减少和产甲烷能力的降低,SMTZ 的深度也从近岸至远岸逐渐增加。

SMTZ 的特异性表现在:天然气水合物赋存海域由于天然气水合物藏的失稳通常导致了沉积流体中具有较高的甲烷浓度,持续地消耗了孔隙水中硫酸根离子,并将 SMTZ 位置上移至沉积柱的较浅深度(Borowski et al.,1996,1999,2013),同时 SMTZ 内增强的甲烷厌氧氧化作用也导致了更多的自生矿物形成(Jørgensen et al.,2004;Novikova et al.,2015;Torres et al.,1996;Ussler and Paull,1995)。在无特别说明的情况下,通常所言的 SMTZ 即指现代硫酸盐-甲烷转换带(present SMTZ 或 current SMT),其位置通常由现代海洋沉积物孔隙水中的硫酸根离子-甲烷浓度共同决定(图 2.4)。事实上,地史时期古海洋中硫酸盐-甲烷转换带(paleo SMTZ 或"fossil" SMTs)也是非常值得重视的研究内容,很大程度上受到了古海洋天然气水合物的成藏演化过程影响(Borowski et al.,2013)。然而,由于无法直接获得古海洋中沉积柱的孔隙水原始数据,古海洋尤其是深时地球古海洋的 SMTZ 发育位置通常是根据自生矿物的类型、形貌、分布、元素和稳定同位素地球化学组成等多重指标的综合识别才能确定的。古海洋的 SMTZ 位置曾经是地史时期海洋某时期段内相对稳定的 SMTZ 位置综合表现的结果,其发育位置和变迁特征可记录古海洋天然气水合物藏的稳定与否或失稳导致的"甲烷事件"发生的时间和相对强度等基本特征,并可由此探讨古海洋"甲烷事件"与古海洋沉积环境变迁、古气候、古生态和成矿作用之间的潜在成因联系(王家生等,2015)。

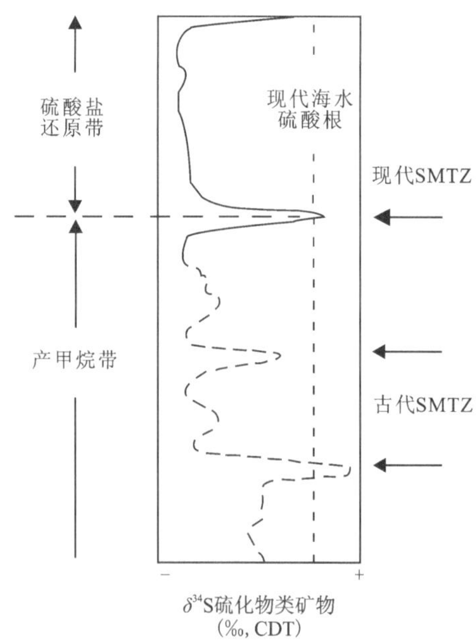

图 2.4 海洋沉积物(地层)中古、今硫酸盐-甲烷转换带位置示意图

(修改自 Borowski et al.,2013)

2.2　海洋沉积物中甲烷循环和甲烷的厌氧氧化反应

2.2.1　海洋沉积物中甲烷循环

甲烷(methane,CH_4)是一种重要的清洁能源和温室效应气体,在海洋环境中甲烷的产生和循环与沉积有机质的埋藏、生烃转化及储运过程密切相关(Arning et al.,2016; LaRowe et al.,2020; 吴能友和苏明,2020)。海洋沉积有机质在被不断埋藏和压实过程中会通过孔隙流体和沉积物中 SO_4^{2-}、NO_3^-、Mn^{4+}、Fe^{3+} 等电子受体的还原作用而被逐渐氧化(见图 2.1),当孔隙水中 SO_4^{2-} 被消耗殆尽,残余的沉积有机质的产甲烷作用则成为有机质矿化过程的最终反应。据估计全球 3%～4%的进入海底的沉积有机质可以被转化为甲烷(Egger et al.,2017),这些甲烷随后通过有氧氧化和/或厌氧氧化进而沉积于流体或海底,改变海水的沉积环境。现代海洋沉积物中大多数甲烷主要产生于大陆边缘大陆架区浅海或大陆斜坡区半深海等海洋环境中,这些甲烷会随着沉积流体的上涌,在沉积柱的 SMTZ 深度位置与从海底下渗的海水中 SO_4^{2-} 发生甲烷厌氧氧化反应(AOM,式 2.2),上涌沉积流体中甲烷几乎全部被消耗掉。据估算,现代海洋沉积物中 AOM 过程消耗了 90%以上从沉积物深部向海底渗漏的甲烷(Beaudoin et al.,2014),使得现代海洋对于全球大气的甲烷浓度贡献仅约 2%,从而有效减少了甲烷向大气的释放、降低了甲烷温室效应(Reeburgh,2007)。

近年研究发现,海水下渗过程中到达 SMTZ 的 SO_4^{2-} 通量与甲烷的通量并非式 2.2 中所示的 1∶1,而是 1.4∶1(全球平均值),指示有更多的 SO_4^{2-} 从海底下渗进入沉积物中(Egger et al.,2017)。这些多余的 SO_4^{2-} 可能被用于参与有机质的厌氧氧化反应(OSR,式 2.1),即在 SMTZ 内也可能发生类似于浅部硫酸盐还原带(SRZ)中主导的 OSR 反应(见图 2.1)。这一新研究可能表明,作为有机质降解最终途径的产甲烷作用也可能在 SMTZ 内发生,并为 SMTZ 内 AOM 作用提供额外的甲烷来源,即通过这种隐匿的甲烷循环(cryptic CH_4 cycling),甲烷也可能在 SMTZ 内同时生成与被氧化(Beulig et al.,2019)。

2.2.2　甲烷厌氧氧化(AOM)

海水-沉积物界面附近流体交换过程中甲烷厌氧氧化(anaerobic oxidation of methane, AOM)同时伴随硫酸盐的还原过程,即下渗海水中硫酸盐(SO_4^{2-})组分与沉积柱上涌流体中甲烷组分之间发生了甲烷被厌氧氧化和硫酸盐被还原的化学反应(王家生等,2002,2003; Jørgensen et al.,2004;Lim et al.,2011;Lin Q et al.,2016;Lin Z et al.,2016;Neretin et al.,2004;Novosel et al.,2005;Peketi et al.,2012;Suess et al.,1999;Zhang et al.,2014)(见图 2.1)。其中,硫酸盐还原细菌(sulfate reduction bacteria,SRB)和甲烷厌氧氧化古菌(anaerobic methanotrophic archaea,ANME)参与了 AOM 反应。参与甲烷厌氧氧化作用的微生物是甲烷厌氧氧化古菌(ANME-1,ANME-2,ANME-3)和硫酸盐还原菌(SRB)的互

养型聚集体(Boetius et al.,2000;Orphan et al.,2002)。不同种类的 ANME 会与不同的 SRB 形成联合体。ANME-1 和 ANME-2 通常与属于 *Desulfosarcina*/*Desulfococcus* 分支的 SRB 联合,而 ANME-3 主要与 *Desulfobulbus* 分支的 SRB 联合,其他类型的 ANME 则无法与 SRB 互养共生(Knittel and Boetius,2009;Treude et al.,2014)。上述不同机理似乎可用于解释 SO_4^{2-} 及还原性物质如何从 ANME 转移至 SRB。

2.2.3 AOM 过程中稳定同位素分馏特征

甲烷厌氧氧化(AOM)过程的产物之一碳酸氢根(HCO_3^-)可与沉积物中钙、镁、铁等元素结合形成自生碳酸盐类矿物(文石、方解石、白云石、菱铁矿等);另一产物硫化氢根(HS^-)可与铁离子等结合形成硫化物类自生矿物(复硫化物、单质硫、磁黄铁矿等),并最终形成稳态的自生黄铁矿。尚未被完全消耗的残余硫酸根(SO_4^{2-})可与钡、钙、锶等离子结合形成重晶石、石膏、天青石等自生硫酸盐类矿物(见图 2.1)。由于 AOM 过程中形成的自生碳酸盐类矿物中的碳元素来自甲烷,因此这类碳酸盐类矿物的碳同位素通常继承了甲烷的极低碳同位素组成信号($\delta^{13}C_{carb}<-50‰$)(Bohrmann et al.,1998;Feng et al.,2016;Greinert et al.,2002;Schrag et al.,2013;Wang et al.,2002,2004,2008),并通常以约$-50‰$为界判别其甲烷来源是否为微生物成因($\delta^{13}C_{carb}<-50‰$)和热降解成因($\delta^{13}C_{carb}>-50‰$)。此外,天然气水合物分解释放的流体富集^{18}O,所以 AOM 反应所产生的自生碳酸盐类具较重的氧同位素组成,通常高于$+4‰$(Peckmann et al.,2001a;Peckmann and Thiel,2004)。沉积物中发育的此类自生碳酸盐类矿物通常是指示古 SMTZ 位置的最有效指标。但是,当甲烷流体剧烈排溢进入海水,自生碳酸盐类则往往以管状、烟囱状、厚板状或结壳状分布在海底,如中国南海的“九龙甲烷礁”(the Jiulong methane reef)(Han et al.,2008)。

与此同时,AOM 过程中伴随的硫酸盐还原作用可产生明显的硫稳定同位素分馏,其产物硫化氢根(HS^-)或硫化物类矿物的硫同位素组成($\delta^{34}S$)通常偏负,而残余的硫酸根(SO_4^{2-})则具有相对更正的硫同位素组成,这一同位素分馏现象也往往被用于指示硫循环的路径与各地球化学过程的速率(Canfield et al.,2010)。硫酸盐还原反应和单质硫等中间产物的歧化反应是影响硫同位素分馏的最主要的两个过程。甲烷厌氧氧化反应所伴随的异化性硫酸盐还原(PSR)反应可以造成超过 40‰的硫同位素分馏(Antler et al.,2013;Canfield et al.,2010;Deusner et al.,2014;Leavitt et al.,2013;Sim et al.,2011a,2011b)。单次歧化反应产生的 H_2S 的 $\delta^{34}S$ 平均负偏约 6.3‰,SO_4^{2-} 平均正偏约 18.8‰(Canfield,1989),重复歧化反应过程可以导致硫化物与海水中的硫酸盐之间产生较大的硫同位素分馏。通常来说,超过 47‰的硫同位素分馏指示了硫歧化作用的存在(Canfield and Thamdrup,1994)。但也有实验证明个别种属的细菌在 DSR 过程中有可能导致较大的硫同位素分馏(Leavitt et al.,2013;Sim et al.,2011a),即便如此,歧化反应对硫同位素分馏的影响仍是不可忽略的。

硫酸盐还原过程中硫的同位素分馏主要受到两个因素的影响:一是体系的封闭或开放程度(Jørgensen et al.,2004;Peckmann et al.,2001a);二是硫酸盐还原反应的速率(Antler et al.,2013;Canfield et al.,2010;Deusner et al.,2014;Leavitt et al.,2013;Sim et al.,

2011b)。此外，硫同位素的分馏程度也与参与反应的硫酸盐还原细菌的类型、硫酸盐的浓度等有关(Habicht and Canfield,1997)。研究表明 AOM 的增强会促进富^{34}S 的黄铁矿在 SMTZ 内大量富集，这种具异常正偏 δ^{34}S值的黄铁矿可被用于指示古 SMTZ 的位置(Borowski et al.,2013;Lin Q et al.,2016c;Lin Z et al.,2016)。Jørgensen 等(2004)建立具双重扩散界面(硫酸盐-甲烷和硫化物-铁)的硫循环模型来解释 AOM 反应与深部 H_2S 汇共同作用如何导致正 δ^{34}S 值的黄铁矿产生。Borowski 等(2013)研究发现富^{34}S 的硫化物类矿物产生于 SMTZ 内，并推测^{34}S 的富集是 AOM 反应显著加强的结果，具有识别古 SMTZ 位置的潜力。Lin Z 等(2016)基于黄铁矿显微形貌观察，利用二次离子质谱(secondary ion mass spectroscopy,SIMS)测得异常高的黄铁矿 δ^{34}S 值(114.8‰,CDT)，并认为此极正值的产生与甲烷流体大量上涌和 SMTZ 内 AOM 反应得到加强密切相关。

除碳酸盐类与黄铁矿外，硫酸盐类矿物(如重晶石和石膏)近年来也受到了研究者的广泛关注。Torres 等(1996)阐述了海洋沉积物中重晶石的形成机制，并提出重晶石的富集可以代表沉积柱中 SMTZ 的位置。之后，Dickens(2001)指出海洋沉积物中不同深度层位的重晶石富集可能记录了不同时期古 SMTZ 的位置，指示了地史时期深部释放甲烷流体在通量上的变化。近年来非蒸发成因的自生石膏被频繁发现于海洋富甲烷沉积物中，通过对其硫、氧等稳定同位素的测试分析，逐渐了解其复杂的形成过程，认为其成因与 SMTZ 位置的波动过程有关(Lin Q et al.,2016b;Pierre,2017;Wang et al.,2004;Zhao et al.,2021)。

此外，大量研究也表明，甲烷的厌氧氧化反应过程间接地促进了铁的氧化物/氢氧化物向铁硫化物的转变，导致在 SMTZ 内存在明显的磁异常现象(Dewangan et al.,2013;Garming et al.,2005;März et al.,2018;Novosel et al.,2005;Riedinger et al.,2006)。

由此可见，AOM 主导的 SMTZ 是海洋浅表层沉积环境中最重要的地球化学分带之一，其内发生的物理、化学和生物等过程不仅对孔隙水地球化学(如 H_2S 浓度、pH 和碱度等)产生了重要影响，而且也影响了多种自生矿物(如碳酸盐类矿物、黄铁矿和重晶石等)的沉淀。反过来讲，海洋沉积物或海相地层中的自生矿物发育特征也可以用以指示古、今海洋 SMTZ 的位置及其变迁特征。

2.2.4　海洋“甲烷事件”

海洋甲烷厌氧氧化作用盛行于海洋沉积柱的 SMTZ，该深度区域内沉积流体中硫酸根离子浓度和甲烷浓度均趋近于最低值，几乎所有从海底下渗的海水硫酸根离子组分和从深部上涌的沉积流体中甲烷组分在 SMTZ 位置最终被消耗殆尽，即 AOM 作用在 SMTZ 表现最为彻底。因此，可以通过测量现代海洋沉积物孔隙水中硫酸根离子和甲烷的浓度就能估算出现代的 SMTZ 深度位置。基于现代海水中硫酸根离子的浓度相对比较稳定(约 28mmol)，因此海洋沉积物中沉积流体内甲烷浓度的大小就决定了 SMTZ 的相对深度位置。从陆架浅水环境到陆坡较深水环境，全球海洋沉积物中 SMTZ 的深度位置表现出由浅至深的总体变化趋势(见图 2.3)，其变化幅度可以从数十厘米、数米至数百米不等(Borowski et al.,1996,1999)。

然而，在海洋天然气水合物的成藏海区，当下伏的水合物藏失稳引起水合物分解后可以在相对短的时间内释放出大量甲烷等烃类气体(“甲烷事件”)。“甲烷事件”发生时可以在海洋沉积柱的沉积流体中迅速增加甲烷等烃类气体的浓度，导致SMTZ位置在短时间内被移升至沉积柱的更浅处（Borowski et al.，1996，1999；Dickens，2001；Niewöhner et al.，1998），甚至可以跃升入海底表面产生“冷泉”（Feng et al.，2018），使得大量甲烷进入海水甚至大气中，即当“甲烷事件”发生时SMTZ位置可能跃升到沉积物浅表层，甚至海底表面和海水中，部分甲烷气体甚至可以穿过海水逃逸至大气圈中。由此引起的甲烷厌氧氧化作用（沉积柱中）、有氧氧化作用（底层海水、海水、大气中）和甲烷温室效应（大气中）等，将会极大地改变海洋沉积环境（底层海水）、海洋化学（海水）和气候（甲烷温室效应）等。因此，探讨古、今海洋“甲烷事件”与海洋环境、生态、成矿和气候之间潜在因果关系应该成为海洋科学研究的前沿课题。

大量研究案例表明，海洋天然气水合物赋存区沉积物中SMTZ位置的演化主要受控于上涌甲烷流体通量的变化（Borowski et al.，2013；Hong et al.，2014；Jørgensen et al.，2004；Lim et al.，2011；Peketi et al.，2012）。因此，浅表层沉积物中SMTZ的研究在一定程度上对深部天然气水合物藏也具有指示意义。诚然，除了“甲烷事件”可以改变SMTZ位置之外，沉积速率也可能影响SMTZ位置（Garming et al.，2005；März et al.，2018；Riedinger et al.，2006），沉积速率明显增快可能导致SMTZ位置下移，反之则上移。

第3章 海洋天然气水合物地质系统沉积物中自生矿物

3.1 自生矿物及其主要类型概况

海洋沉积物中自生矿物(authigenic mineral)通常是指海洋沉积物在沉积、埋藏、压实或早期成岩过程中在沉积柱内形成的各类矿物,主要以过饱和化学结晶和/或生物化学等方式结晶而成。常见的海洋沉积物中自生矿物类型主要包括文石、方解石、白云石、黄铁矿、石膏、铁-锰-铝氧化物及其氢氧化物和海绿石等,它们的形成过程通常反映了沉积成岩过程中局部微地球化学环境条件的变化特征(例如,温度、压力、离子浓度、pH及*Eh*)。相反,从异地通过搬运作用被沉积下来的矿物被称为他生矿物(allogenic mineral),一般指那些通过河流、冰川、风等外动力地质作用从陆地搬运入海的陆源碎屑矿物和火山碎屑矿物等,常见的有石英、长石、磁铁矿、云母、高岭土等,通常继承了陆地母岩的岩性特征或源区的地理-气候特征。然而,海洋沉积物中矿物的自生或他生属性的判别并非机械的简单,一些黏土矿物(如蒙脱石、伊利石等)、石英(如玉髓等)、长石等矿物既可以是自生成因,也可以是他生成因。

海洋天然气水合物地质系统背景下沉积物内自生矿物是指在海洋天然气水合物的成藏和演化过程中沉积柱内形成的自生矿物,其成因与海洋天然气水合物的成藏演化过程密切相关。如前所言,海洋天然气水合物的成藏过程与沉积有机质的埋藏、压实、厌氧氧化、产甲烷、甲烷输运和消耗等过程密切相关(吴能友和苏明,2020;Arning et al.,2016;LaRowe et al.,2020)。在富含有机质的大陆边缘沉积环境中,海水与沉积柱浅表层之间的流体交换造成了海水-沉积物界面附近独特的微地球化学环境,即自海底向下渗入沉积物中的硫酸根离子不仅参与了沉积物中有机质的厌氧氧化反应,而且参与了上涌的深部沉积流体中甲烷组分的厌氧氧化反应(见图2.1)。由于AOM反应比OSR反应消耗掉更少的能量(反应的自由能差异),所以在现代海洋沉积物中,尤其在富含甲烷组分的上涌流体活跃海区(如海底冷泉区、天然气水合物赋存海区),AOM反应主导了沉积物中硫酸盐组分的还原,尤其在AOM盛行的SMTZ深度位置,并同时形成了一些特征性的自生矿物。

OSR主导的硫酸盐还原带和AOM主导的SMTZ是自生矿物形成的主要发育地带。两者的相同之处是均发生了硫酸盐的还原反应,导致孔隙水中硫酸根离子含量降低;不同之处是导致硫酸盐被还原的氧化剂不同。OSR过程的氧化剂是随碎屑物一起沉积的沉积有机质,而 AOM 过程的氧化剂是沉积流体中的甲烷。尽管二者均可能导致沉积物内部局部的碱度、酸度等微地球化学环境发生变化和一些自生矿物形成，但二者在化学反应速率、元素迁移特征和稳定同位素分馏程度、微生物参与类型等方面存在较大的差异。OSR 主导的硫酸盐还原带位置和发育程度主要受陆源输入的有机质含量和沉积速率等因素决定（自上而下的输运途径），而 AOM 主导的 SMTZ 位置主要是由深部向上运移的甲烷含量等决定（自下而上的输运途径）。当沉积环境中有机质的埋藏为主导因素时，自生矿物则主要富集于 OSR 主导的硫酸盐还原带内；当沉积流体中存在较高的甲烷含量时，自生矿物则主要富集于 AOM 主导的 SMTZ 内。在某些特殊的情况下（如海底冷泉区），深部渗漏的甲烷也可以突破水-沉积物界面进入水体，其间发生的甲烷厌氧氧化和有氧氧化反应可能导致海水的缺氧、硫化、分层等海洋沉积环境突变（Dickens et al.，1997；Jørgensen et al.，2004；Meister and Reyes，2019；Zachos et al.，2005），甲烷甚至可以释放至大气中造成强烈的温室效应（王成善等，2017；Bains et al.，1999；Dickens，2004；Glasby，2003；Heilig，1994；Lelieveld et al.，1993）。

已有研究表明，现代海洋天然气水合物地质系统中沉积物内发育的自生矿物类型主要有碳酸盐类、硫化物类、硫酸盐类等。其中，碳酸盐类自生矿物主要包括文石、方解石、白云石、菱铁矿和一些非稳态矿物（如六水碳钙石）；硫化物类自生矿物主要包括黄铁矿（白铁矿）、单质硫、复硫铁矿、磁黄铁矿和与硫循环过程密切有关的蓝铁矿等；硫酸盐类自生矿物主要包括重晶石和石膏等。

3.2 碳酸盐类自生矿物

海洋天然气水合物赋存海区沉积物中发育的碳酸盐类自生矿物主要包括文石、方解石、白云石等（Bohrmann et al.，1998；Feng et al.，2014；Lu et al.，2018；Peckmann and Thiel，2004；Pierre et al.，2016；Wang and Suess，2002）；此外，现代海洋和地史古海洋中甲烷渗漏环境下还可能形成并保存有相对罕见但环境指示意义重要的自生碳酸盐类矿物，如六水碳钙石、菱锰矿和菱铁矿等（王家生等，2015；Cai et al.，2021；Hein and Koski，1987；Suess et al.，1982；Wang Z et al.，2017a，2020）。

海洋沉积物早期成岩作用阶段的沉积物孔隙水具有相对复杂的地球化学氧化还原分带，在空间尺度上从沉积物（柱）的浅部到深部依次表现为氧化带（以有氧氧化作用为主）、亚氧化带（以硝酸盐和铁锰还原作用为主）、缺氧还原带（以硫酸盐还原作用为主）和产甲烷带（以产甲烷作用为主）（见图 2.1），海洋沉积有机质和沉积流体中甲烷等烃类组分分别消耗在上述不同分带内。在海洋天然气水合物藏赋存海区，沉积物早期成岩过程与甲烷相关的生物地球化学过程异常强烈，并形成了自生碳酸盐类等一系列特征性自生矿物记录，其矿物学、元素和同位素地球化学特征记录了海洋天然气水合物地质系统的变化特征。

3.2.1 自生碳酸盐类矿物产出特征及其成因

3.2.1.1 碳酸钙类矿物(文石、方解石)

文石(aragonite,又称霰石)和方解石(calcite)的化学成分均为 $CaCO_3$,二者呈同质多象。其中,文石属斜方晶系,单晶常呈柱状,可见假六方对称三连晶;方解石属三方晶系,有完全的菱面体解理,晶体常为复三方偏三角面体或菱面体与六面体的聚形,集合体多呈粒状、块状、钟乳状、纤维状及晶簇状等。

海底冷泉活动环境中甲烷的渗漏强度较强,通量较大,通常会在海底或者沉积物浅表层形成规模较大且形态各异的冷泉碳酸盐岩(seep carbonate),产出形态常见不规则结壳状、烟囱状、管状、棍棒状、层状和透镜体状等(Argentino et al.,2019;Lavoie et al.,2010;Peckmann and Thiel,2004;Peng et al.,2017)。在典型冷泉环境中,自生碳酸盐岩建造中甲烷源自生碳酸盐矿物(methane-derived authigenic carbonate,MDAC)主要为文石和高镁方解石。以黑海、刚果扇、墨西哥湾和中国南海等海域的水合物赋存海区甲烷源自生碳酸盐矿物为例(Feng et al.,2010,2014,2018;Peckmann et al.,2001a),自生文石组成的矿物相主要为葡萄串状/栉壳状或等厚纤维状亮晶胶结物,高镁方解石主要组成微晶基质矿物相(图3.1),含有孔虫壳体等生物碎屑和少量陆源碎屑物质等。

自生文石和方解石的过饱和沉淀过程与甲烷冷泉活动背景下强烈的甲烷厌氧氧化作用密切相关,继承了甲烷碳同位素特征的碳酸氢根离子与钙(镁)离子结合(式3.1)导致碳酸盐矿物的成核和生长。在非典型海底冷泉活动环境中,甲烷渗漏强度相对较低,然而沉积流体组分整体仍为富甲烷条件。硫酸盐等氧化剂还原作用驱动的甲烷厌氧氧化作用依然可以盛行,但沉淀的自生碳酸盐矿物没有形成规模较大的冷泉碳酸盐岩建造,而以不规则团块或颗粒状等产出形态充填于沉积物孔隙中,如东北太平洋 Cascadia 俯冲增生楔天然气水合物赋存区沉积物中所含的自生碳酸盐岩颗粒,其主要矿物成分为方解石、文石和白云石(图3.1)(李清等,2015;王晓芹等,2008)。

$$2HCO_3^- + Ca^{2+} \longrightarrow CaCO_3 + H_2O + CO_2 \tag{3.1}$$

此外,在甲烷冷泉活动中心区域附近的富甲烷沉积物中,甲烷源自生碳酸盐可能以有孔虫壳壁微孔充填物和壳壁边缘增生物的形式产出,矿物组成主要是高镁方解石,而生物壳体的碳酸盐组成主要是低镁方解石质(岑越,2018,2023;Panieri et al.,2017)。需要注意的是,一套自生碳酸盐岩建造的形成可能会经历多个期次或世代的自生碳酸盐矿物沉淀生长。碳酸盐类矿物的 U-Th 放射性同位素定年结果表明,不同世代的自生碳酸盐矿物形成时间的差异可达上万年,且文石质亮晶胶结物的形成通常晚于高镁方解石质微晶基质的形成(Feng et al.,2010),这种形成时期的差异特征可能反映了甲烷异常渗漏活动的间歇性或阶段性特征。

地质历史时期(或称"深时地球")古海洋环境沉积物中形成的甲烷源自生碳酸盐岩时代分布范围较为广泛(Bristow and Grotzinger,2013),矿物组成以方解石为主。"深时地球"古海洋甲烷源自生碳酸盐岩的宏观产出形态多为丘状、烟囱状、透镜体状和不规则结核状,甲烷源自生碳酸盐沉淀过程可能交代了古冷泉沉积中的腕足壳和钙化管状蠕虫等化石部分

图 3.1 现代海洋天然气水合物赋存区和甲烷冷泉活动环境形成的甲烷源自生碳酸盐记录

a～c. 墨西哥湾海底产出的自生碳酸盐岩礁(a)与出露海底的天然气水合物藏(a 中箭头所示)共存，不规则结壳状自生碳酸盐岩(b)主要由等厚纤维状/栉壳状亮晶文石胶结物(c 中 Ar)和高镁方解石微晶基质(c 中 HMC)等矿物相组成(Feng et al.,2014)；d～f. 东北太平洋 Cascadia 俯冲增生楔天然气水合物赋存区(IODP 311 航次调查)沉积物中产出的不规则状自生碳酸盐岩颗粒形态特征(d)(未发表数据)及其扫描电子显微镜下的矿物微观特征(e 和 f)，自生碳酸盐矿物包括菱面体状高镁方解石(e)和纤维状/针状文石(f)(李清等,2015)。

(Peckmann et al.,2005,2011),古冷泉沉积中原始形成的文石在成岩作用过程中被转变为方解石(Loyd et al.,2016;Peckmann et al.,1999,2001b)。

目前报道的最古老甲烷源自生碳酸盐岩记录产出于华南新元古代埃迪卡拉纪陡山沱组底部"盖帽"碳酸盐岩地层中(635Ma)(王家生等,2005,2012;Jiang et al.,2003,2006;Kennedy et al.,2001;Wang J et al.,2008;Wang Z et al.,2017b)(图3.2),具有显著甲烷信号的灰白色和灰黑色块状亮晶方解石主要呈不规则孔洞和裂隙充填物产出(Zhou C et al.,2010);部分学者怀疑"盖帽"碳酸盐岩层位产出的甲烷源自生碳酸盐岩形成于地层埋藏成岩阶段的高温热液作用过程中(Bristow et al.,2011),主要证据是方解石的团簇同位素(Δ_{47})温度计估算出方解石形成温度约476℃,并据此推断甲烷源方解石并非埃迪卡拉纪古海洋沉积

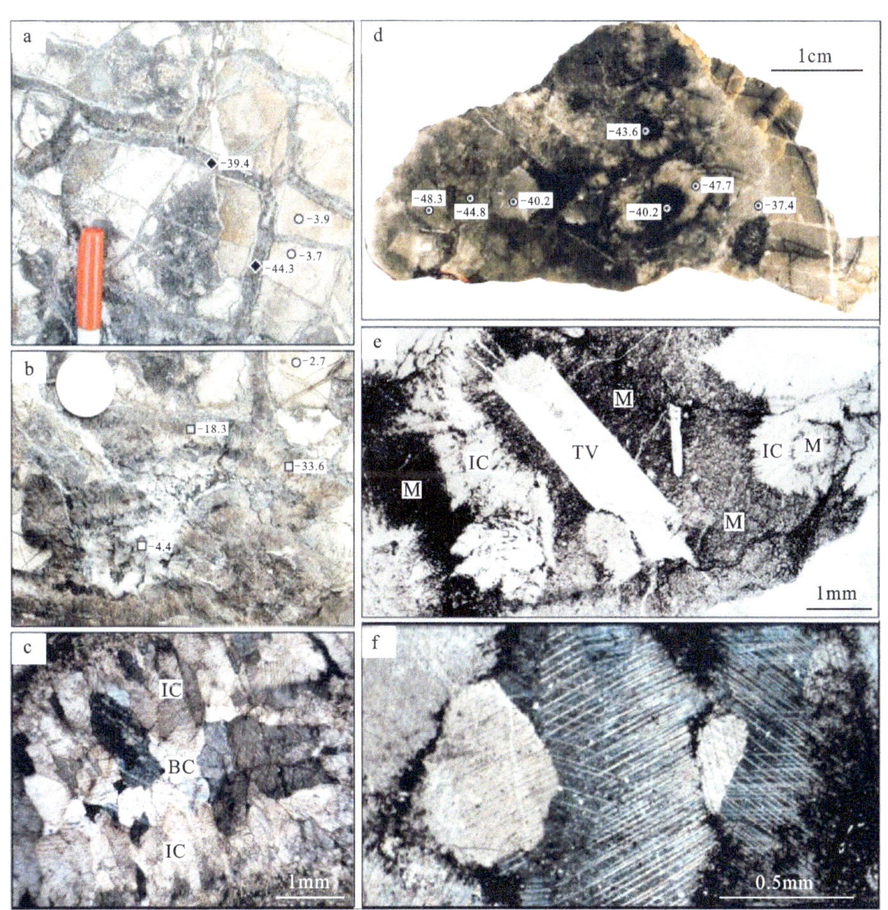

图3.2 华南新元古代埃迪卡拉纪陡山沱组底部"盖帽"碳酸盐岩地层中产出的甲烷源自生碳酸盐

(Wang J et al.,2008)

a~c.湖北省宜昌地区秭归九龙湾剖面甲烷源自生碳酸盐(a和b中标注自生碳酸盐无机碳同位素值)充填于白云岩围岩发育的裂隙(a)和不规则孔洞(b)空间中,自生碳酸盐矿物主要为块状亮晶方解石(即c中BC);d~f.宜昌长阳王子石剖面甲烷源自生碳酸盐集合体呈透镜状结核产出(d)(d中标注自生碳酸盐无机碳同位素值),自生碳酸盐矿物主要为富流体包裹体的块状亮晶方解石(f)。IC. isopachous cements,等厚胶结物;BC. blocky calcite,块状方解石;TV. late diagenetic calcite vein,晚期成岩的方解石脉;M. microcrystalline calcite and micrite,微晶方解石。图中数据为$\delta^{13}C_{PDB}$(单位为‰)。

物早期成岩阶段产物；然而，Peng 等(2022)报道了“盖帽”中甲烷源自生碳酸盐岩碳同位素、黄铁矿硫同位素和自生碳酸盐晶格硫(CAS)的多硫及多氧同位素之间存在显著的协同变化关系，表明具有甲烷信号的自生亮晶方解石的形成与微生物硫酸盐还原作用(MSR 或 BSR)驱动的甲烷厌氧氧化作用过程密切相关，认为当时古海洋的硫酸盐浓度与现代海洋相当(Peng et al.,2022)，进而排除了“盖帽”中甲烷的高温热液成因观点。因此，华南地区广泛出露的新元古代陡山沱组“盖帽”碳酸盐岩地层中产出的甲烷源自生方解石可以作为目前已知最早的古海洋天然气水合物分解释放事件的地质证据，推测该时期古海洋天然气水合物藏的失稳和异常多数量的甲烷释放作用(即“甲烷事件”)可能导致了“雪球”地球大冰期的终结(Kennedy et al.,2008)。

3.2.1.2　碳酸镁-钙类矿物(白云石)

白云石(dolomite)的矿物化学成分为 $CaMg(CO_3)_2$，铁离子和锰离子可能部分取代镁离子的晶格位置。当铁或锰原子数超过镁原子数时，则形成铁白云石和锰白云石。白云石晶体结构类似于方解石，常呈菱面体，晶面常弯曲成马鞍状，聚片双晶常见，属三方晶系。原白云石(protodolomite)是最初始沉淀出的白云石矿物形式，通常呈球状，由若干纳米级亚球粒组成，可进一步分为生物成因原白云石和非生物成因原白云石(Xu et al.,2021)。非生物成因原白云石由于没有微生物作用参与，通常在相对高温条件下形成，或在低温条件下通过伊利石和蒙脱石等黏土矿物的催化作用形成(Liu et al.,2019)，其矿物形貌和结构特征与生物成因白云石相似。原白云石向着有序白云石的转变通常在高温和开放成岩体系下进行(外部流体参与)，或者在相对封闭的成岩体系下通过矿物结构水的参与进行(内部流体)(Zheng et al.,2021)。沉积物早期成岩阶段自生白云石的形成被认为与微生物催化作用密切相关(Petrash et al.,2017)，白云石初始成核过程起始于胞外聚合物(EPS)选择性黏结钙(镁)离子，微生物席建造通常与白云石沉淀密切共存。

沉积物早期成岩阶段的地球化学分带中甲烷厌氧氧化作用和产甲烷作用(methanogenesis)(见图 2.1)的相互竞争会最终影响白云石的形成(Moore et al.,2004)。在钙(镁)离子不受限的条件下，甲烷厌氧氧化过程和硫酸盐还原过程所积累的碳酸氢根有利于白云石沉淀，而产甲烷过程会增加孔隙水二氧化碳浓度，相对抑制白云石的形成。在 IODP 323 航次调查的白令海和 IODP 311 航次调查的东北太平洋 Cascadia 俯冲增生楔沉积柱中，均有与甲烷循环相关的自生白云石产出(Pierre et al.,2016；王晓芹等,2008)。相较于共存的高镁方解石等自生碳酸盐矿物，自生白云石产出层位相对较深，无机碳同位素组成相对较重，可能记录了沉积柱深部产甲烷作用后残留的碳库(相对富集^{13}C)组成特征(Bojanowski,2014)，产甲烷作用会增加孔隙水二氧化碳的浓度和降低环境碱度，而海洋硅酸盐风化作用(marine silicate weathering)可显著增加孔隙水碱度，同时释放大量的钙镁离子，可能有助于自生白云石沉淀(Torres et al.,2020)。

现代海洋天然气水合物赋存海区和典型甲烷冷泉活动背景区也有自生白云石产出。以墨西哥湾和中国南海北部为例(Lu et al.,2018,2021;Tong et al.,2013,2019)，中国南海神狐海域沉积物中的自生白云石形成被认为与微生物硫酸盐还原作用产生的硫化氢有关，缺氧还原环境下不断积累的硫化氢有利于镁离子进入碳酸盐晶格位置，从而促进高镁方解石和白云石的沉淀(Lu et al.，2021)；此外，甲烷冷泉渗漏环境形成的白云石原始为典型的低温无序白云石(可重结晶为有序程度低的白云石)，常与碳酸镁质矿物共存，其成核沉淀过程被认为与微生物胞外聚合物(EPS)密切相关，此类微生物可能为营甲烷和硫酸盐的甲烷厌氧氧化古菌和硫酸盐还原菌(Boetius et al.，2000；Lu et al.，2018；Orphan et al.，2002)。相较于甲烷源自生文石和方解石，甲烷源自生白云石形成的 SMTZ 位置在沉积物中相对较深，且硫酸盐还原速率相对较慢(Tong et al.，2019)。

3.2.1.3　碳酸锰-铁类矿物(自生菱锰矿、自生菱铁矿)

菱锰矿($MnCO_3$)属三方晶系，晶体可见斜六方菱面体、柱状或板状，集合体可见块状、粒状、钟乳状、球形、结核状、葡萄状，菱锰矿是工业提炼锰金属的重要矿石资源；菱铁矿($FeCO_3$)同属三方晶系，单晶和集合体形态与菱锰矿类似，在沉积物或地层中常以结核状和层状产出。在古今海洋天然气水合物地质系统沉积物或地层中，自生菱锰矿和自生菱铁矿(即碳酸锰质和碳酸铁质)的自生矿物记录相对自生文石和自生方解石记录较少。

墨西哥湾大规模天然气水合物藏赋存海区沉积物中产出多层富锰沉积，其中含锰矿物主要包括自生菱锰矿(Ingram et al.，2016)。碳酸锰的沉淀可能与微生物锰还原作用相关(Neumann et al.，2002)，氧化锰或氢氧化锰(如水锰矿、软锰矿等)作为氧化剂被还原产生大量的二价锰离子，锰离子浓度相对碱度是决定碳酸锰过饱和沉淀更加重要的条件因素(Neumann et al.，2002)。在富甲烷沉积物中，微生物锰还原作用可以驱动甲烷厌氧氧化作用的进行(Beal et al.，2009；Cai et al.，2021)(式 3.2)，形成了继承甲烷流体同位素特征的自生碳酸锰矿物。在地质历史时期古海洋地层中也有甲烷源自生菱锰矿的记录，其碳同位素组成指示明确的甲烷源特征(Hein and Koski，1987；Cai et al.，2021)。部分学者认为华南新元古代成冰纪大塘坡组底部(约 660Ma)广泛分布的菱锰矿层与古海洋甲烷冷泉渗漏活动相关(周琦等，2007)，但目前尚无指示甲烷源的确切碳同位素证据报道(Yu et al.，2016)。

$$CH_4 + 4MnO_2 + 7H^+ \longrightarrow HCO_3^- + 4Mn^{2+} + 5H_2O \quad (3.2)$$

现代海洋富甲烷沉积环境中也发现有自生碳酸铁类矿物(如菱铁矿)产出。东海冲绳海槽天然气水合物赋存区沉积物中报道有甲烷源自生碳酸盐岩中含有碳酸铁矿物(Peng X et al.，2017)，其形成被解释为沉积物早期成岩带微生物铁还原作用驱动的甲烷厌氧氧化作用(Beal et al.，2009)(式 3.3)的产物，氧化剂为不同活性的铁氧化物或氢氧化物(如水铁矿、纤铁矿和针铁矿等)。铁还原驱动的甲烷厌氧氧化作用贡献了大量二价铁离子，除了有助于碳酸铁矿物形成，还可能参与形成了蓝铁矿(vivianite)等自生磷酸铁矿物(Liu et al.，2018)。

$$CH_4 + 8Fe(OH)_3 + 15H^+ \longrightarrow HCO_3^- + 8Fe^{2+} + 21H_2O \quad (3.3)$$

值得注意的是，地质历史时期古海洋沉积地层中也有早期成岩作用形成菱铁矿记录的报道。例如，华北中元古代下马岭组中发育的层状和结核状自生菱铁矿，其形成可能与古海洋沉积物早期成岩阶段有机质厌氧氧化作用以及古甲烷渗漏和厌氧氧化作用相关(Tang et al.，2018)。

3.2.1.4 特殊类型碳酸盐矿物(自生六水碳钙石)

六水碳钙石(ikaite)是一种含水碳酸钙矿物($CaCO_3 \cdot 6H_2O$),其矿物假晶通常被称为六水碳钙石假晶(glendonite)(Suess et al.,1982)。六水碳钙石矿物及其假晶的发现和研究历史可追溯至19世纪晚期,由于早期研究对其原生矿物的认知和定义极不规范统一,加之假晶形貌和成分特征的多样性,文献报道中对此类矿物假晶的描述常出现纷繁复杂的名词术语(Brandley and Krause,1994)。六水碳钙石属单斜晶系,单晶典型晶形主要包括四方棱柱状和角锥体状,此外还可见四方棱柱状和角锥体状晶形组合而成的乙状晶形,即晶体中部为棱柱状而两结晶末端表现为异向倾斜的角锥体(Swainson and Hammond,2001);现代海洋沉积物和地质历史时期古海洋沉积地层中产出的六水碳钙石及其假晶通常以晶簇形式存在,晶簇主要形态可见双锥体状、十字状、星状以及凤梨状等(图3.3);部分保存较好的六水碳钙石假晶内部可见所谓"guttulatic(斑点)"状显微结构,主要特征是以低镁球霰石为核心,在其周缘次生生长了一圈(椭圆形圈层)高镁方解石亮晶或微晶胶结物,被认为是指示了六水碳钙石原生矿物经历早期脱水作用的结构特征(Scheller et al.,2022)。

六水碳钙石是一种亚稳定的碳酸盐矿物,其最佳初始形成条件通常具有冰-水混合物的温度特征,即冰点0℃附近。现代海底沉积物实际观测结果表明六水碳钙石稳定存在的温度范围可达−1.9~3℃(Zhou et al.,2015),随着条件压力的增大,其稳定温度范围上限会相应增高,但自然界(正常海底)实际环境稳压状态鲜能达到实验室模拟条件的设定(Marland,1975);当环境温度进一步升高,原生六水碳钙石会迅速脱水溶解并转变为相对稳定的方解石、文石、球霰石等碳酸盐矿物形式(Selleck et al.,2007),形成早期假晶或假象;随着沉积物成岩作用的进行,早期假晶可能被非同生黄铁矿、白云石和石英等相对晚期次生矿物交代充填,最终形成黄铁矿化、白云石质和硅质假晶等(Brandley and Krause,1994;James et al.,2005;Rogala et al.,2007;Wang Z et al.,2017a)。除了低温条件外,环境(孔隙水)pH或碱度、重碳酸氢根和钙离子浓度、磷酸盐含量以及盐度等因素均可能共同决定过饱和沉淀出的原生碳酸钙矿物类型为六水碳钙石或是文石等同质异形晶体(Hu et al.,2015;Papadimitriou et al.,2014;Selleck et al.,2007)。

磷酸盐在非强碱性环境下(如$pH \leqslant 9$)对六水碳钙石的最初结晶沉淀具有显著促进作用,具体机制可能与磷酸盐(如三磷酸钠)对碳酸钙矿物晶核表面结构的选择性吸附有关,从而抑制方解石、文石等矿物形式的结晶沉淀;同时,磷酸盐的存在有利于减缓钙离子脱水作用,最终促进原生六水碳钙石的形成(Hu et al.,2015)。也有报道称在超碱性环境下(如$pH \geqslant 12$)的洞穴和盐湖沉积物中可见六水碳钙石矿物,而其环境温度明显高于冰点温度,可接近10℃(Field et al.,2017),怀疑在高pH条件下,原生六水碳钙石的稳定温度范围上限会显著升高。

现代冰海环境(如南极边缘海环境)沉积柱中,自生六水碳钙石富集于SMTZ层位,且对应沉积物孔隙水中磷酸根浓度的峰值(Zhou et al.,2015),其形成被认为与甲烷厌氧氧化作用和硫酸盐还原作用密切相关。在北极边缘海(如北冰洋拉普捷夫海)天然气水合物藏赋存海区沉积物中发现产出多层六水碳钙石(Krylov et al.,2015);不仅如此,中生代古海洋地层甲烷冷泉沉积中也发现存在六水碳钙石假晶记录,且其无机碳同位素组成指示显著的甲烷成

图3.3　华南新元古代埃迪卡拉纪陡山沱组六水碳钙石假晶与其他时代六水碳钙石(或假晶)产出形态典型特征对比(Wang Z et al.,2020)

a、b.南冰洋斯菲尔德海峡沉积物(a)和宜昌陡山沱组地层(b)产出的六水碳钙石(或假晶)双锥体状晶簇;c、d.北海沉积物(c)和宜昌陡山沱组地层(d)产出的六水碳钙石假晶十字状晶簇;e～h.北冰洋拉普捷夫海沉积物(e)和宜昌陡山沱组地层(f～h)产出的六水碳钙石(或假晶)星状晶簇;i～k.加拿大北部早白垩世地层(i)和宜昌陡山沱组地层(j、k)产出的六水碳钙石假晶风梨状晶簇;l～n.澳大利亚东部早二叠世地层(l)和宜昌陡山沱组地层(m和n)产出的六水碳钙石假晶环带状结构,矿物晶体富含流体包裹体;b、d、f、j、k和m中箭头指示围岩沉积纹层围绕六水碳钙石假晶弯曲变形特征。

因(Morales et al.,2017;Teichert and Luppold,2013)。由此可见,自生六水碳钙石及其假晶可以用于指示现代和地质历史时期甲烷冷泉活动环境或甲烷高通量背景(Peckmann,2017),其还可能与纤维状高镁方解石和文石等典型冷泉沉积自生矿物共存;含六水碳钙石的沉积物或地层通常具有富有机质(TOC含量高)、孔隙水环境缺氧和富磷酸盐等特征,有利于沉积物内或水-沉积物界面附近发生有机质厌氧氧化作用和甲烷厌氧氧化作用，上述生物地球化学过程会向孔隙水环境贡献继承有机质和甲烷碳同位素特征的 HCO_3^- 离子，从而提高碳酸盐饱和度，最终过饱和沉淀出原生六水碳钙石等自生矿物。

值得注意的是，地质历史时期的六水碳钙石及其假晶矿物记录通常对应于古气候上的冰期或古气候显著变冷阶段，如晚古生代大冰期背景下包括中低纬度地区在内的石炭纪和二叠纪地层中六水碳钙石假晶（Brandley and Krause，1994；Frank et al.，2008）；此外，白垩纪、古始新世之交等温室气候主导时期的地层记录中也有六水碳钙石相关矿物的报道，可能代表其间的古气候短暂转冷段，以及同时期两极等高纬度地区的低温海水环境（Grasby et al.，2017）。上述不同时代地层中的六水碳钙石及其假晶多以星状晶簇产出，部分具有向上优势生长特征，且原生矿物或其碳酸盐质假晶的无机碳同位素组成可能指示甲烷或有机质厌氧氧化作用对孔隙水溶解无机碳库的贡献（Selleck et al.，2007；Grasby et al.，2017）。新元古代大冰期相关地层中也存在可能的六水碳钙石假晶记录，其产出层位均属于成冰系（720～635Ma）时期，相关沉积地层包括爱尔兰等地 Port Askaig 冰碛砾岩下伏粉砂质白云岩段、挪威斯瓦尔巴特群岛 Petrovbreen 冰碛砾岩上覆 MacDonaldryggen 段（Halverson et al.，2004）和加拿大西北部 Ice Brook 冰碛砾岩下伏 Twitya - Keele 过渡段（James et al.，2005）。但是，上述地层均属于成冰系间冰期沉积，被认为对应气候相对转暖阶段，而冰期沉积期间的环境温度条件应更有利于六水碳钙石形成。因此，有研究认为挪威、加拿大等地的假晶原生矿物可能实际为硬石膏而非六水碳钙石，在斯瓦尔巴特群岛 Marinoan 期 Wilsonbreen 组冰碛杂砾岩和冰筏沉积物中发现了更为可信的六水碳钙石假晶记录（Fairchild et al.，2016），部分假晶星状晶簇也具有向上优势生长特征。

Wang Z 等（2017）在国际上首次报道了新元古代埃迪卡拉纪（635～539Ma）海相地层（华南陡山沱组）产出的六水碳钙石假晶记录，结合华南地区露头和岩芯材料发现陡山沱组六水碳钙石假晶在空间分布上具有广泛性且产出层位较为稳定（Wang Z et al.，2017a，2020），其产出地区（陡山沱期）沉积环境涵盖内陆棚及陆棚内潟湖或盆地；需要强调的是陡山沱组六水碳钙石假晶的空间分布并不是无处不在的，例如在陡山沱组典型剖面九龙湾尚未发现六水碳钙石假晶记录。此外，目前发现和报道的陡山沱组六水碳钙石假晶晶簇产出形态类型多样，可很好地对应现代和地质历史时期六水碳钙石及其假晶的形貌特征，其中包括典型的双锥体状、十字状、星状以及凤梨状等（见图 3.3），陡山沱组六水碳钙石假晶矿物组成主要包括方解石质和硅质成分（完全或部分硅化）（Wang Z et al.，2017a，2020），其中块状亮晶方解石质假晶部分无机碳同位素组成指示显著的甲烷和有机质厌氧氧化成因（Wang Z et al.，2020）。华南新元古代埃迪卡拉纪陡山沱组六水碳钙石假晶记录的发现，揭示了古气候寒冷时期环境变化对古海洋甲烷水合物藏动态演化过程的影响；古海洋甲烷水合物失稳分解引发的“甲烷事件”，由于温室气体累积等过程，又会对古气候变化进行负效应反馈，提高地球表层环境温度，最终遏制冰期的持续发展（如“雪球”地球场景的重现）。事实上，埃迪卡拉纪冰期（约 580Ma）相关地层火山灰锆石 U-Pb 放射性同位素定年结果表明这次古气候变冷事件持续时间是相对短暂的（小于 1Ma）（Pu et al.，2016），这可能与古海洋甲烷水合物藏失稳引发的甲烷异常释放作用相关。因此，鄂西地区新元古代陡山沱组六水碳钙石假晶的地质记录可以很好地揭示地质历史时期古海洋异常通量甲烷释放事件的触发成因和环境-气候反馈效应，也有助于我们深入理解地球后生动物起源这一关键时间节点上古海洋天然气水合物藏及“甲烷事件”在环境和气候变化中的角色。

3.2.2　自生碳酸盐类矿物的地球化学特征及其成因

3.2.2.1　同位素地球化学特征

1)自生碳酸盐类矿物的碳、氧稳定同位素组成

海洋天然气水合物地质系统中自生碳酸盐类矿物的碳、氧同位素组成是指示其甲烷源成因最直接的地球化学证据(Peckmann and Thiel，2004)。产甲烷作用过程中同位素分馏效应导致甲烷相对富集^{13}C，其中，生物成因的甲烷相对热裂解成因的甲烷具有更低的碳同位素值(Reeburgh，2007)。因此，通过甲烷厌氧氧化作用产生的碳酸氢根离子会继承甲烷源的极低碳同位素组成特征，并记录在自生碳酸盐类矿物的无机碳同位素组成中(图 3.4、图 3.5)。

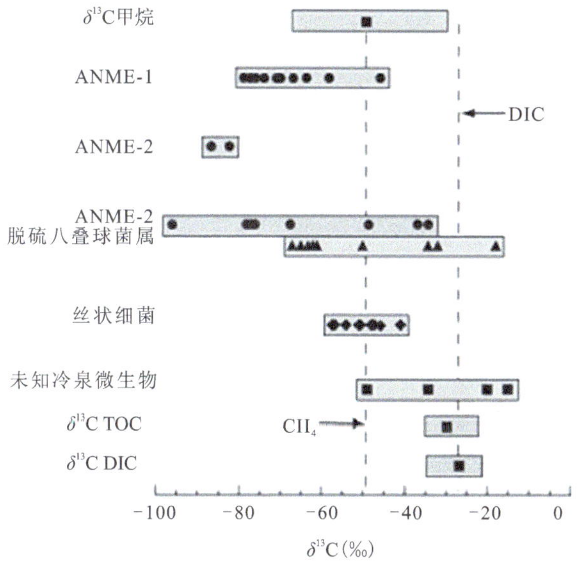

图 3.4　海洋天然气水合物地质系统中部分产物的碳稳定同位素组成示意图(修改自 Suess，2010)

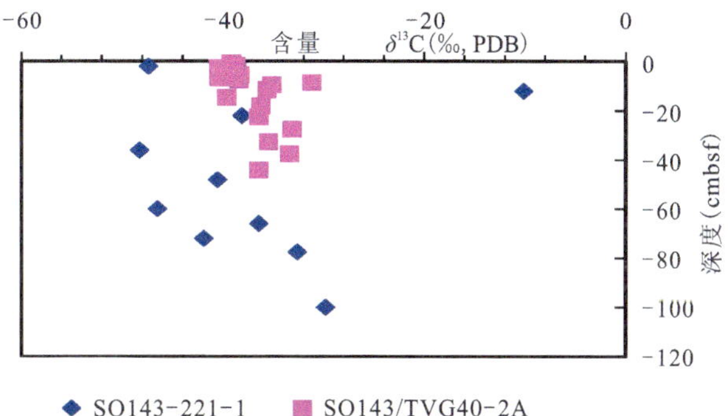

图 3.5　东北太平洋水合物脊沉积物中自生碳酸盐类矿物的碳同位素组成(修改自 Wang J et al.，2002)

注：cmbsf. centimeter below seafloor，海底以下……厘米。

天然气水合物笼形晶体结构的形成过程也存在同位素分馏效应，水合物会优先吸收周围环境较重的氧同位素和氢同位素（即相对富集^{18}O和D）(Hesse and Harrison，1981；Hiruta et al.，2009)。当环境温度和压力条件的改变导致天然气水合物藏失稳分解时，富甲烷和水的流体大规模释放，这些流体具有相对富集^{18}O的同位素特征并影响环境孔隙水的氧同位素组成，并会最终记录在甲烷源（水合物分解成因）自生碳酸盐氧同位素组成中（Teichert et al.，2005）。大西洋布莱克海台的外海脊海区中—上新世沉积物中自生菱铁矿的$\delta^{18}O$高达7.9‰，该记录指示了该海域天然气水合物藏的分解变化(Matsumoto，1989)。此外，作为天然气水合物分解释放导致新元古代“雪球”地球大冰期最终结束这一假说的地球化学证据之一，冰消期地层中自生碳酸盐胶结物$\delta^{18}O$值最高可达12‰(Kennedy et al.，2008)。

海洋天然气水合物地质系统的沉积物或地层中自生碳酸盐矿物的无机碳同位素组成变化范围较大，且通常可见一些$\delta^{13}C$低于－30‰的明确指示甲烷厌氧氧化成因（而非有机质厌氧氧化成因）的碳同位素值(Feng et al.，2018)。研究中也发现一些自生碳酸盐类矿物并非具有极低值碳同位素组成，其原因可能是环境中硫酸盐浓度较低、底层海水溶解无机碳库混合和原油等有机组分的厌氧氧化作用贡献等(Akam et al.，2021；Bristow et al.，2013)。自生文石胶结物的碳同位素值通常比自生高镁方解石基质碳同位素值低，可能与不同类型自生碳酸盐矿物形成层位的相对深浅有关(Feng et al.，2014)。研究也发现现代和地史时期海洋沉积物或地层中自生六水碳钙石及其碳酸盐质假晶的无机碳同位素值变化范围与甲烷冷泉渗漏活动背景下形成的甲烷源自生碳酸盐无机碳同位素组成相似，这也从同位素地球化学的角度证明了六水碳钙石及其假晶可以作为古今海洋富甲烷且低温环境条件的指示性自生矿物之一(Rogov et al.，2021)（图3.6）。

值得注意的是，自生碳酸盐矿物也可以记录沉积物早期成岩阶段甲烷循环中产甲烷作用特征，表现为显著较重的碳同位素值。例如，IODP 311航次在东北太平洋Cascadia俯冲增生楔天然气水合物赋存区沉积物中发现的自生白云石$\delta^{13}C$值高达37.6‰，被解释为是继承了产甲烷过程中残留碳库特征，矿物类型大都为白云石或铁白云石(Bojanowski，2014；Pierre et al.，2015)。

此外，利用“将今论古”地质学研究思维，人们有理由推测地质历史时期古海洋沉积地层中产甲烷作用也曾经发生过。有报道认为地史古海洋中产甲烷作用的关键证据是具有较重碳同位素组成的自生碳酸盐矿物和产甲烷古菌的显微化石记录(Birgel et al.，2015；Sun F et al.，2021)。

2)自生碳酸盐类矿物中晶格硫(CAS)的硫、氧同位素

碳酸盐类矿物的晶格硫(carbonate-associated sulfate，CAS)是自生碳酸盐类矿物形成过程中那些取代碳酸根离子后保存在其晶格中的硫酸根离子，其同位素组成可以代表自生碳酸盐矿物形成时海水或环境流体中硫酸根组分的同位素特征(Fichtner et al.，2017)。

海洋沉积物早期成岩阶段沉积物孔隙水中硫酸根离子和自生硫酸盐类矿物（如重晶石和石膏）的硫-氧同位素协同变化趋势及其斜率(Antler et al.，2015；Gong et al.，2021)可以区

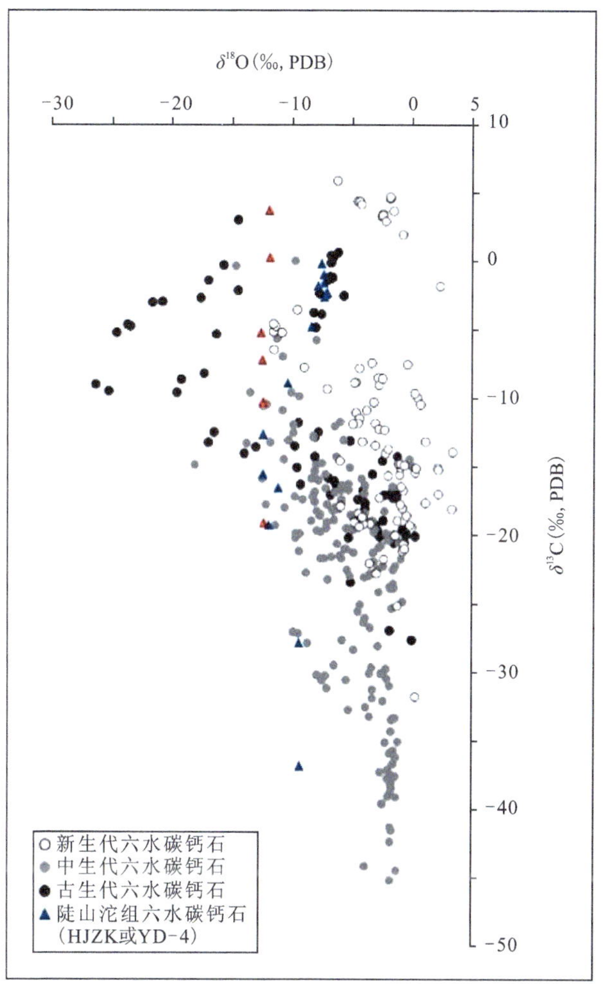

图 3.6　新元古代陡山沱组至新生代海相地层中六水碳钙石及其假晶的碳、氧同位素值分布图

（修改自 Rogov et al.，2021）

别有机质厌氧氧化作用主导的或甲烷厌氧氧化作用主导的硫酸盐还原过程（图 3.7），并进一步指示环境中甲烷通量的高低。硫酸盐的还原作用是一个可逆化学反应过程，正反应（硫酸盐还原）相对逆反应（硫化物氧化）会产生更大程度的硫同位素分馏（氧同位素分馏程度相对较小）（Kleikemper et al.，2004；Zhang et al.，2020）。如果硫酸盐还原作用反应速率较快，则会导致硫酸盐的硫-氧同位素协同变化趋势表现出斜率较大的相关性（$\delta^{34}S/\delta^{18}O$）（Antler et al.，2015；Gong et al.，2021）。相较于复杂有机质，甲烷是一种更容易被硫酸盐还原细菌等微生物利用的小分子化合物，因此甲烷厌氧氧化主导的硫酸盐还原作用反应速率比有机质厌氧氧化主导的硫酸盐还原作用的反应速率更快（Zhang et al.，2020）。当反应环境中甲烷的通量更高时（如甲烷冷泉渗漏活动环境），硫酸盐的硫-氧同位素协同变化趋势表现出斜率更大的相关性（$\delta^{34}S/\delta^{18}O$）（Antler et al.，2015）。

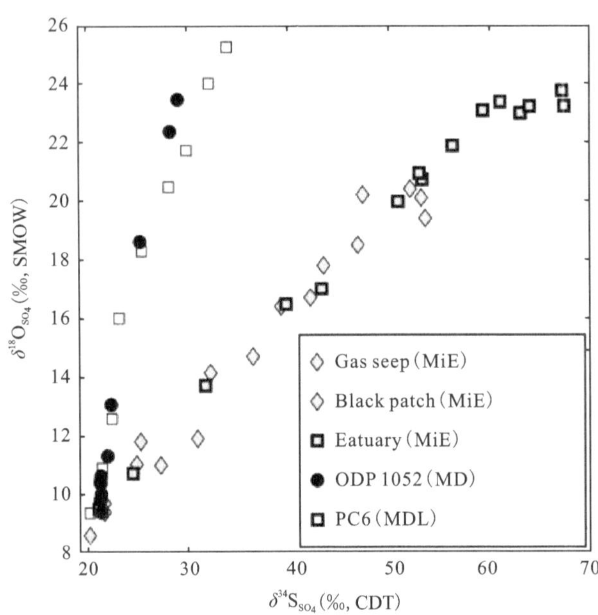

图 3.7 富甲烷环境(灰色充填的菱形和方形)和缺/无甲烷环境(白色充填的方形和黑色圆点)中硫酸盐的硫-氧稳定同位素相关性投点图(修改自 Antler et al., 2015)

注:富甲烷环境中硫酸盐的硫-氧同位素表现出很好的相关性,缺/无甲烷环境中硫-氧同位素也表现出很好的相关性,但二者的斜率有明显差异。MiE. methane - in - excess,富甲烷环境; MD. methane - devoid,无甲烷环境; MDL. methane diffusion limited,甲烷有限环境。5 个图例代表 3 种环境下不同采样位置。

海洋天然气水合物地质系统沉积物中自生碳酸盐类矿物的晶格硫(CAS)中硫-氧稳定同位素的协同变化趋势,同样可以指示甲烷厌氧氧化作用和硫酸盐还原作用的过程特征(Feng et al.,2016)。首先,甲烷源自生碳酸盐的 CAS 记录是孔隙水硫酸盐组成特征而非海水硫酸盐特征,因此可以指示富甲烷沉积物中硫酸盐还原驱动的甲烷厌氧氧化作用对硫酸盐硫、氧同位素的分馏效应;其次,文石质自生碳酸盐相对方解石质自生碳酸盐具有更高的晶格硫含量,且其硫-氧同位素协同变化趋势表现出相对较小的 $\delta^{34}S/\delta^{18}O$ 斜率,可能是由于自生文石在沉积物中形成的层位更浅,受到海水硫酸根组成的影响相对更大(Feng et al.,2016)。

3)自生碳酸盐类矿物的放射性同位素定年

自生碳酸盐矿物相对于同一层位的沉积物形成于准同沉积和沉积后早期阶段,其绝对形成时间的确定需要依靠放射性同位素定年方法(主要为铀系定年中的 U-Th 定年)(Feng et al.,2010)。甲烷源自生碳酸盐岩或冷泉碳酸盐岩的 U-Th 定年可以分为全岩溶液法和激光剥蚀微区原位分析法(Feng et al.,2010;Wang M et al.,2022)。其中全岩溶液法可能受到自生碳酸盐岩中碎屑矿物组分的影响,化学前处理过程中需要特殊重液分离碎屑污染组分(Wang L et al.,2021);而激光剥蚀微区原位分析法(Wang M et al.,2022)可以对不同矿物相(如多世代胶结物和基质)不同位置样品进行分析,除了重建更加真实的甲烷源碳酸盐岩形成历史,还可以帮助评价自生碳酸盐 U-Th 衰变体系的封闭性。

海洋天然气水合物地质系统沉积物中自生碳酸盐类矿物的形成机制可能与海洋天然气

水合物的成藏和演化之间的关系相当密切。海洋天然气水合物藏的失稳和分解后释放的异常多数量甲烷作用(俗称"甲烷事件")，增加了上涌沉积流体中甲烷的浓度，增强了AOM反应速率，促进了自生碳酸盐类等矿物的形成。

基于其U-Th放射性同位素年龄与海平面变化曲线和全球海洋有孔虫壳体的氧同位素变化曲线(如LR04 stack)的对比，可以帮助揭示冰期-间冰期(温室气候-暖室气候)静水压力和海水温度变化如何影响海洋天然气水合物地质系统。中国南海北部陆坡是天然气水合物藏的重要赋存海区，海底发育典型的甲烷冷泉渗漏沉积，沉积物中有产出丰富的自生碳酸盐记录，也报道了大量的自生碳酸盐U-Th放射性同位素年龄数据(Chen F et al.,2019；Feng et al.,2018;Tong et al.,2013)。自生碳酸盐类矿物的U-Th年龄数据与全球海平面变化曲线对比表明，在高海平面和低海平面时期天然气水合物失稳分解均有发生(图3.8)，说明冰期—间冰期旋回过程中海洋天然气水合物地质系统对环境压力和温度变化十分敏感。

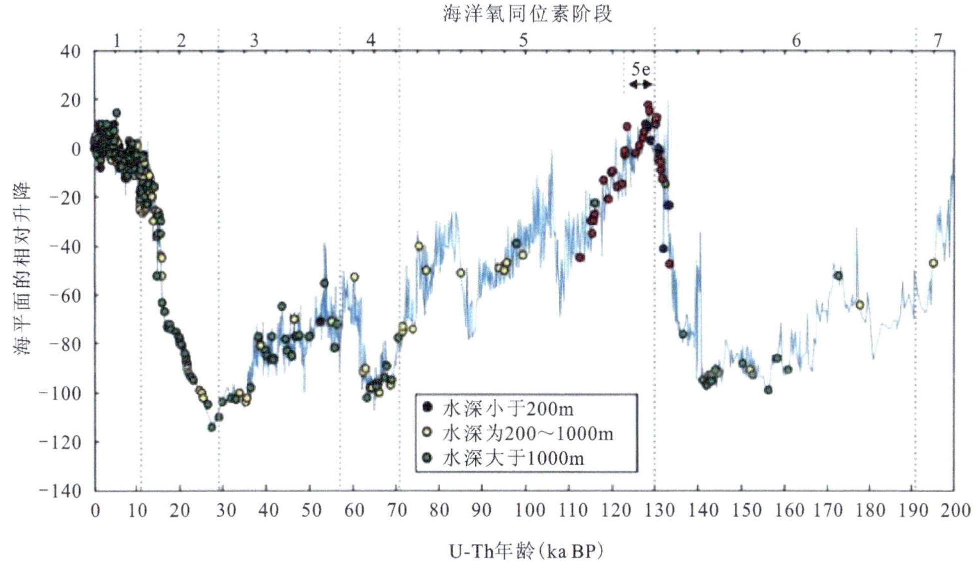

图3.8　中国南海北部陆坡甲烷源自生碳酸盐类矿物的U-Th放射性同位素年龄与200ka以来全球海平面变化曲线对比图(修改自Chen F et al.,2019)

4)自生碳酸盐类矿物中其他稳定同位素组成

锶($^{87}Sr/^{86}Sr$)是碳酸盐类矿物中常见的稳定同位素，海洋生物的碳酸盐质壳体等沉积碳酸盐组分可以记录海水的锶同位素组成及其长期变化特征(Zaky et al.,2018)，而水合物地质系统中形成的自生碳酸盐矿物则通常记录沉积物孔隙水的锶同位素组成特征。

天然气水合物地质系统中产出的甲烷源自生碳酸盐岩或冷泉碳酸盐岩的锶同位素组成是揭示其形成环境中流体特征的重要同位素地球化学指标。如果沉积地层中甲烷源自生碳酸盐岩的锶同位素值与同时期海水的锶同位素变化范围相似，且碳酸盐岩的锶含量较高(低Mn/Sr)，则可判断甲烷源自生碳酸盐矿物形成以后未遭受晚期成岩作用的显著改造，且可以根据海水锶同位素长期变化曲线的对比来估计甲烷源自生碳酸盐的形成时代(Ge and Jiang,2013)。海底甲烷冷泉活动环境中沉积柱内孔隙水与同层位自生碳酸盐岩的锶同位素对比表明，自生碳酸盐矿物和孔隙水具有相似的锶同位素组成（Li and Jiang，2016），且两者随沉积柱深度的变化表现出一致的变化趋势。但是，相对较深层位的孔隙水和自生碳酸盐岩的锶同位素值（$^{87}Sr/^{86}Sr$）较高，可能受到了深层水岩交换反应的影响。

沉积物中硅酸盐碎屑矿物的海底风化作用也会影响孔隙水和自生碳酸盐岩的锶同位素组成，其中包括陆源硅酸盐类矿物碎屑组分（风化产物$^{87}Sr/^{86}Sr$相对较高）和火山源硅酸盐类矿物碎屑组分（风化产物$^{87}Sr/^{86}Sr$相对较低）（Torres et al.，2020）。

现代海洋冷泉碳酸盐岩沉积中自生文石通常比自生方解石更加接近海水的锶同位素组成，这可能是由于自生文石的形成层位相对更浅且靠近海水-沉积物界面（Feng et al.，2016；Tong et al.，2013）；地质历史时期古海洋中甲烷源自生碳酸盐岩沉积由于经历了漫长的埋藏成岩作用，其锶同位素相对碳同位素可能会遭受更加显著的改造（Tong et al.，2016）。

值得注意的是近年来碳酸盐岩的团簇同位素（Δ_{47}）组成分析被应用到甲烷源自生碳酸盐岩或冷泉自生碳酸盐岩研究中（Loyd et al.，2016；Thiagarajan et al.，2020；Zhang et al.，2019），主要被用于重建其形成温度，帮助区分甲烷微生物氧化过程（细菌硫酸盐还原驱动的甲烷氧化）和甲烷高温氧化过程（硫酸盐热化学还原驱动的甲烷氧化）（Cai et al.，2021）。然而，微生物甲烷代谢过程带来的动力学非平衡分馏效应可能影响基于团簇同位素的自生碳酸盐形成温度重建结果可信度，埋藏成岩环境高温固相重排效应也会影响团簇同位素方法在地质历史时期地层自生碳酸盐矿物的应用（Loyd et al.，2016；Passey and Henkes，2012）。

此外，甲烷源自生碳酸盐岩的非传统金属同位素组成的相关研究也有所报道，主要涉及碳酸盐岩的镁同位素（$\delta^{26}Mg$）、钙同位素（$\delta^{44/40}Ca$）和钼同位素（$\delta^{98}Mo$）等。硫酸盐还原驱动的甲烷厌氧氧化作用会影响镁同位素分馏，其效应可能超过碳酸盐沉淀速率对镁同位素的影响（Jin et al.，2021）；自生碳酸盐类矿物的沉淀过程也会引起一定程度的钙同位素分馏（Teichert et al.，2009）；碳酸盐岩的钼同位素组成可以指示碳酸盐类矿物形成时沉积环境的缺氧硫化程度，甲烷源碳酸盐岩的钼同位素值与其黄铁矿的含量密切相关，自生碳酸盐岩中所含的钼元素主要赋存在铁硫化物中（Lin et al.，2021）。

3.2.2.2 自生碳酸盐类矿物的元素地球化学特征

甲烷源自生碳酸盐岩或冷泉碳酸盐岩的元素地球化学研究主要关注其微量元素组成。在硫酸盐还原驱动的甲烷厌氧氧化带内，自生碳酸盐岩会相对富集轻稀土元素（LREE）、钼（Mo）、钴（Co）、铜（Cu）、镍（Ni）、锌（Zn）和钒（V）等微量元素（Smrzka et al.，2019，2020），其中钼元素可以作为硫酸盐还原作用导致的孔隙水缺氧硫化环境的敏感元素。此外，钴、铜和镍是微生物代谢作用过程的生命元素，可能与甲烷厌氧氧化作用相关；铁锰氧化物还原驱动的甲烷厌氧氧化作用有利于铜、镍、钒、钼、砷（As）、硒（Se）和锑（Sb）等微量元素在沉积物和自生碳酸盐等矿物中的富集（图3.9）（Smrzka et al.，2020；Sun Y et al.，2021）。与此同时，与自生碳酸盐岩伴生的自生黄铁矿也具有特征性的微量元素地球化学组成（Chen C et al.，2024），详见3.3.1小节黄铁矿部分。

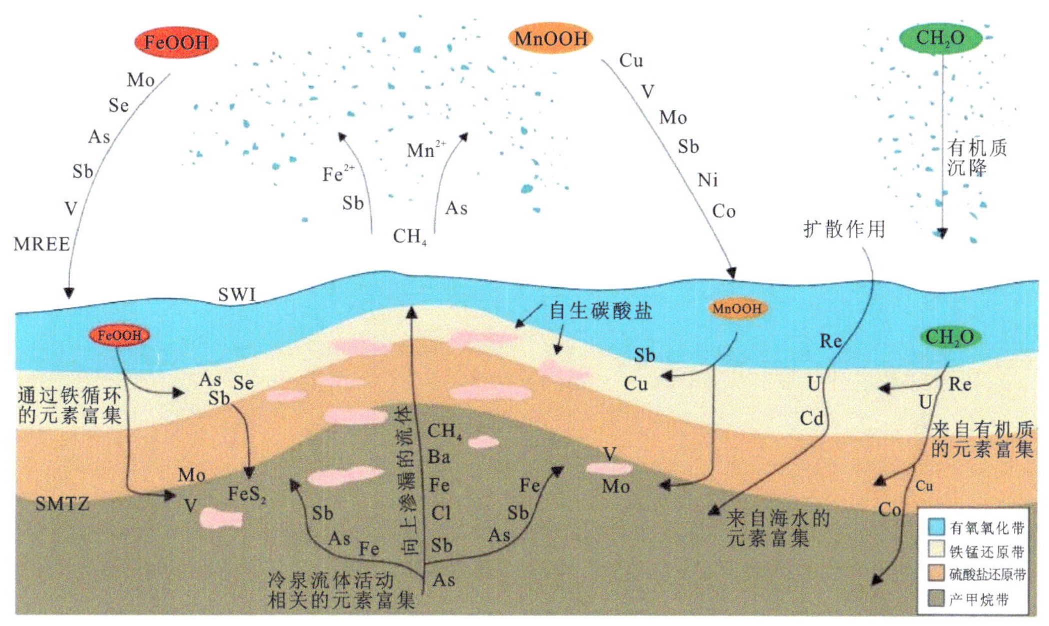

图3.9　海底甲烷冷泉渗漏环境下自生碳酸盐形成相关的海水和沉积物微量元素地球化学循环过程(修改自 Smrzka et al.,2020)

SMTZ.硫酸盐-甲烷转换带。

此外,海洋天然气水合物地质系统中发育的自生碳酸盐类矿物中微量元素组成特征可以帮助判别甲烷主导或原油主导的冷泉渗漏形成的自生碳酸盐岩(Smrzka et al.,2016)。原油主导的冷泉碳酸盐岩相对甲烷主导的冷泉碳酸盐岩更加富集稀土元素和铀元素。甲烷源碳酸盐岩中自生文石、自生方解石的稀土元素和钇元素(REE+Y)的配分模式特征可指示不同矿物相(如葡萄串状亮晶文石、微晶文石、微晶方解石等),记录海水和孔隙水化学组分影响的差异性。结合矿物相的世代关系,综合判定甲烷源自生碳酸盐岩形成过程及其局部环境条件(Himmler et al.,2010)。地质历史时期古海洋甲烷源自生碳酸盐岩的稀土元素组成特征(如铈异常、铕异常)也可帮助重建其形成过程中流体环境的氧化还原状态(Chen C et al.,2020;Feng et al.,2009)。

3.3　硫化物类自生矿物

硫酸根离子还原反应驱动的甲烷厌氧氧化作用和有机质厌氧氧化作用产生的硫化物最终通过黄铁矿化作用形成自生黄铁矿,这一过程中不乏还有其他硫过渡态的自生矿物(如单质硫、胶黄铁矿、磁黄铁矿等)。本节将围绕这一过程,介绍硫化物类矿物及与之相关的其他自生矿物。

3.3.1　黄铁矿

AOM 作用和 OSR 作用都能够产生大量的硫化氢根离子,当沉积环境中有充足的活性铁和硫化氢时，它们将结合产生一硫化铁或多硫化铁等亚稳定态的矿物，并最终通过黄铁矿化作用转化成黄铁矿（Lin et al.，2017；Taylor and Macquaker，2011）。此外，有实验表明黄铁矿也能在没有任何亚稳定的硫化铁矿物先导情况下直接形成（Harmandas et al.，1998）。然而，大多数研究表明黄铁矿是 AOM 作用所产生的最主要的硫化物类自生矿物。

1）黄铁矿的颜色和形貌特征

海洋天然气水合物地质系统沉积物中形成的黄铁矿（pyrite，FeS_2）呈浅铜黄色，表面常具黄褐色锖色；条痕绿黑色或褐黑色；具有强金属光泽；不透明；无解理，断口参差状；硬度6～6.5，相对密度4.9～5.2。

显微形貌观察表明，海洋天然气水合物地质系统沉积物中自生黄铁矿的集合体形貌主要为不规则块状（图3.10a）、棒状-管状（图3.10b～e）和有孔虫壳体充填状（图3.10f）。其中，不规则块状是最常见的黄铁矿集合体，且微晶的粒径差异较大；棒状-管装集合体一般可分为充实的棒状（图3.10b、c）、中空管状（图3.10d）和弯曲棒状（图3.10e）等。

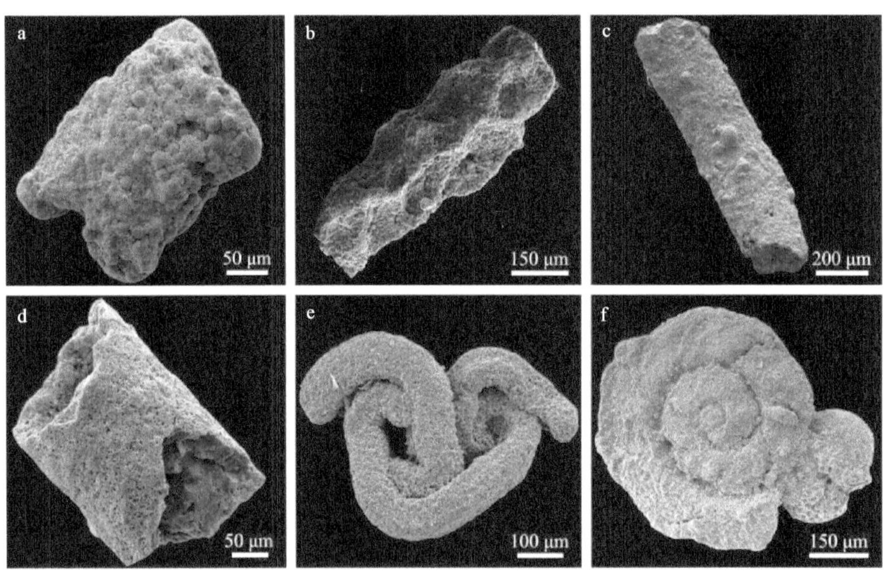

图3.10　南海北部陆坡水合物赋存海区沉积物中黄铁矿集合体显微形貌图（林杞，2016）

a.不规则块状黄铁矿集合体；b～e.棒状-管状黄铁矿集合体；f.黄铁矿充填有孔虫生物体。

黄铁矿晶体属等轴晶系，类似于石盐（NaCl）型立方体晶体结构。除硫、铁元素之外，也通常含钴、镍和硒等微量元素。结晶程度好的黄铁矿常有完好的晶形，常见立方体（图3.11d）、八面体（图3.11a～c）、五角十二面体及其草莓状聚形（图3.11e、f）。立方体晶面上有与晶棱平行的条纹，晶面上条纹相互垂直。八面体和立方体均存在晶体穿插生长的现象。

八面体黄铁矿单晶组成的草莓状黄铁矿也是非常重要的一种集合体形貌。莓球状黄铁矿是现代海洋沉积和地史古海洋沉积地层记录中最常见的黄铁矿形貌类型之一，通常是由粒径均一的立方体、八面体或球粒状黄铁矿自形微晶组成球形紧密堆积体。研究也发现，有的黄铁矿莓球堆积较紧密，且不与其他形貌的黄铁矿微晶共存（图3.11e），而有的莓球状黄铁矿松散分布，且与八面体黄铁矿微晶共存（图3.11f）。

图3.11　南海北部陆坡水合物赋存海区沉积物中黄铁矿微晶显微形貌图(林杞,2016)

a～c.八面体黄铁矿;d.立方体黄铁矿;e.草莓状黄铁矿;f.草莓状黄铁矿与八面体黄铁矿。

2)黄铁矿含量和分布特征

海洋沉积物中有机质厌氧氧化和甲烷厌氧氧化都伴随有硫酸盐还原作用,并产生硫化氢根离子等产物。长期以来人们一直认为海洋沉积物中有机质的降解、孔隙水中硫酸盐含量和活性铁含量等因素控制了海洋沉积物中自生黄铁矿的形成(Berner,1984;Canfield,1989)。但是,当人们发现海洋沉积物中赋存天然气水合物藏之后,尤其在海洋天然气水合物藏失稳分解释放出大量甲烷等烃类气体时,富含甲烷的沉积流体上涌至浅表层沉积物甚至水-沉积物界面,加剧了SMTZ内甲烷厌氧氧化(AOM)反应,进而显著促进了黄铁矿等自生矿物的沉淀(Lim et al.,2011;Peketi et al.,2012;Wehrmann et al.,2015;Zhang M et al.,2014)。因此,除了传统认为的沉积有机质降解、孔隙水中硫酸盐含量和活性铁含量等因素之外,深部流体中甲烷源的供给量可能是海洋天然气水合物地质系统沉积物中自生黄铁矿形成的最重要控制因素之一。

林杞(2016)在中国南海北部陆坡东北海域的两个站位(Site 2A,973－4)沉积物中发现了黄铁矿的含量在SMTZ显著提高等现象(图3.12)。其中,在Site 2A站位深度小于680cmbsf的沉积物中黄铁矿含量极低,但在680～840cmbsf(现代SMTZ位置)深度层位黄铁矿明显富集,其相对含量最高可达约13%。在973－4站位黄铁矿相对含量具有类似的变化规律:深度小于600cmbsf的沉积物中黄铁矿含量极低,但在600～900cmbsf深度(现代SMTZ位置)层位黄铁矿明显富集,其相对含量最高超过60%。随后进一步研究发现,SMTZ带内发育的黄铁矿硫同位素组成明显正偏,莓球状黄铁矿的莓球粒径也明显增大(图3.12)。

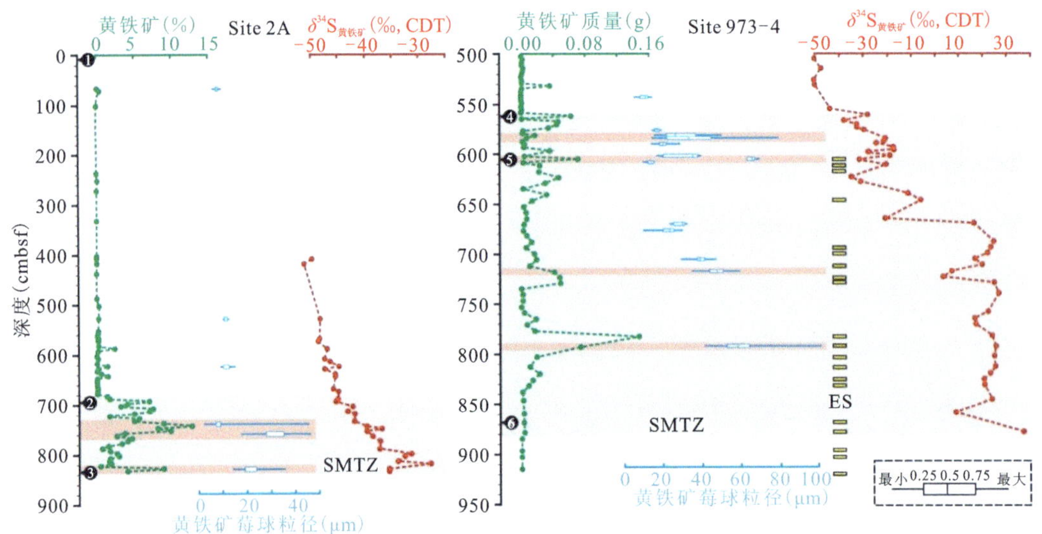

图 3.12 南海北部陆坡水合物赋存海区沉积物中自生黄铁矿含量、硫同位素组成和黄铁矿莓球粒径大小示意图(修改自林杞,2016)

注:根据黄铁矿含量的异常和同位素正偏趋势推测的 Site 2A 站位现代 SMTZ 位于 680～840cmbsf 深度位置(灰色阴影),973－4 站位 SMTZ 位于 520～860cmbsf 深度位置(灰色阴影);在 SMTZ 内,黄铁矿的高含量与具有较大粒径的莓球存在相关性(粉色阴影)。黑色圆圈内的数据代表了安排 AMS^{14}C 测年点位置;973－4 站位单质硫的分布数据引自文献 Lin 等(2015)。

不仅如此,吴丽芳等(2014)研究了 Site 2B 站位(与 Site 2A 站位位置几乎重合)中的自生矿物,认为甲烷厌氧氧化作用主导了 Site 2B 站位沉积物中自生黄铁矿的形成。考虑到 Site 2A 站位(总硫 TS＞2.0%)相较于 Site 2B 站位(TS＜0.52%)具有更高的总硫含量(吴丽芳等,2013),林杞(2016)认为 Site 2A 站位沉积物中自生黄铁矿的形成主要受到了甲烷厌氧氧化作用的控制。类似地,Zhang M 等(2014)通过对南海东北部海域站位研究后提出,甲烷厌氧氧化作用是沉积物中自生黄铁矿形成的主导机制。对于同一海域,相邻的 973－2 站位和 973－4 站位中单质硫颗粒的研究也证实了甲烷厌氧氧化反应过程在浅表层沉积物中起到了重要的作用。

综上所述,尽管黄铁矿在现代海洋沉积物中分布广泛,但当大量富含甲烷的沉积流体上涌时,海洋沉积柱中加速的 AOM 反应显著促进了自生黄铁矿的沉淀,并表现出相对较高的黄铁矿含量。

3)黄铁矿的硫同位素(δ^{34}S)和铁同位素(δ^{56}Fe)

海洋天然气水合物地质系统沉积物中自生黄铁矿的形成过程离不开沉积流体中硫酸根离子的还原作用和硫还原细菌的参与(无论 OSR 或 AOM 过程)。硫酸盐还原细菌参与下的硫酸根离子的还原,造成了硫同位素 40‰以上的分馏效应(Antler et al.,2013;Canfield et al.,2010;Deusner et al.,2014;Leavitt et al.,2013)。同时,单质硫等中间产物的歧化反应也可以进一步促进硫同位素分馏(Canfield et al.,2010;Mangalo et al.,2007)。在上述两个过程的共同作用下,导致最终形成的自生黄铁矿等具有较负的硫同位素组成特征。然而,大量的研究表明当含甲烷流体的通量急剧增加时，在相对封闭的体系条件下，由于海水硫酸盐无法持续补充，会导致甲烷厌氧氧化反应的孔隙水中$^{34}SO_4^{2-}$不断富集，并最终导致后续自生黄铁矿也会具有正偏的硫同位素组成（Lim et al.，2011；Peketi et al.，2012；Borowski et al.，2013）。林杞（2016）认为海洋沉积物中自生黄铁矿的硫同位素正偏现象和黄铁矿相对含量增加之间耦合现象可以作为识别SMTZ的重要标志之一（见图3.12）。

黄铁矿的莓球生长顺序通常由核部向其外部的增生（overgrowth）依次生长，Lin Z等（2016）通过SIMS测定了黄铁矿莓球核部和外部增生部分的硫同位素组成，发现了硫同位素值（$\delta^{34}S$）从内向外逐渐变大的一个瑞利分馏过程，且最高达到＋114.8‰（CDT）。

值得一提的是，AOM并不是造成黄铁矿$\delta^{34}S$正偏的唯一原因。新近研究表明，在非稳态情况下较高的沉积速率会降低硫酸盐在孔隙水和上覆水柱中的交换，导致在沉积物浅部也有可能出现具有较正的硫同位素组成的硫化物（Liu J et al.，2021）。在地史时期的海洋中，尤其在新元古代至早古生代期间，海洋硫酸盐浓度普遍偏低（Ries et al.，2009），因此其产生的黄铁矿硫同位素组成与古海洋中硫酸盐库中硫同位素分馏很小。这些黄铁矿一旦被部分氧化，将出现比原来的硫酸盐硫同位素更高的情况（Fike et al.，2015；Fry et al.，1988），被称为"超重黄铁矿"（super-heavy pyrite）现象。此外，非生物过程中热驱动的硫酸盐还原（thermochemical sulfate reduction，TSR）仅受到温度控制，也成为解释超重黄铁矿的成因之一（Cui et al.，2018）。由此可见，在运用黄铁矿硫同位素正偏趋势作为SMTZ指示标志时，还需要考虑沉积物所处环境的其他情况。

黄铁矿中的铁同位素（$\delta^{56}Fe$）在某些情况下也可以用来指示SMTZ。黄铁矿中铁同位素组成取决于铁的来源和形成黄铁矿的分馏机制，已有不少研究发现自然界中的活性铁（氧化铁或氢氧化铁）比硫化铁拥有更高的铁同位素（Fehr et al.，2010；Liu C L et al.，2015；Liu K et al.，2015；Rouxel et al.，2008；Scholz et al.，2014；Wolfe et al.，2016）。Lin Z等（2017）在我国南海北部陆坡的神狐海域两个站位（HS148、HS217）中，发现自生黄铁矿的铁同位素组成在SMTZ都出现了升高的趋势（图3.13）。认为由于OSR作用和AOM作用不断供给硫化氢，拥有更轻同位素的铁优先消耗形成黄铁矿，导致剩余三价铁库$\delta^{56}Fe$变重。随着黄铁矿的不断形成，最终在SMTZ内形成拥有较重$\delta^{56}Fe$的黄铁矿。

然而，目前关于AOM作用影响黄铁矿的铁同位素组成的报道相对偏少（Lin Z et al.，2017；Peng X et al.，2017），其主要原因是广泛存在的异化铁还原（dissimilatory iron reduction，DIR）作用，使得铁同位素组成的升高现象并不能成为稳定指示SMTZ位置的唯一指标。异化铁还原作用是指微生物以胞外不溶性铁氧化物为末端电子受体，通过氧化电子供体耦联Fe^{3+}还原，并从这一过程储存生命活动所需的能量。这一过程将产生大量的含有轻同位素组成的铁，导致海洋沉积物中铁同位素的变化多种多样（Henkel et al.，2016；Johnson et al.，2008；Severmann et al.，2006；Staubwasser et al.，2006）。

总的来说，海洋天然气水合物地质系统沉积物中发育的黄铁矿$\delta^{34}S$特征，在排除了热液、沉积速率等其他影响因素后，可以成为可靠的指示SMTZ位置和强度的指标；而黄铁矿的$\delta^{56}Fe$特征目前尚未在指示AOM反应强度和海洋天然气水合物的成藏演化中得到很好的运用。

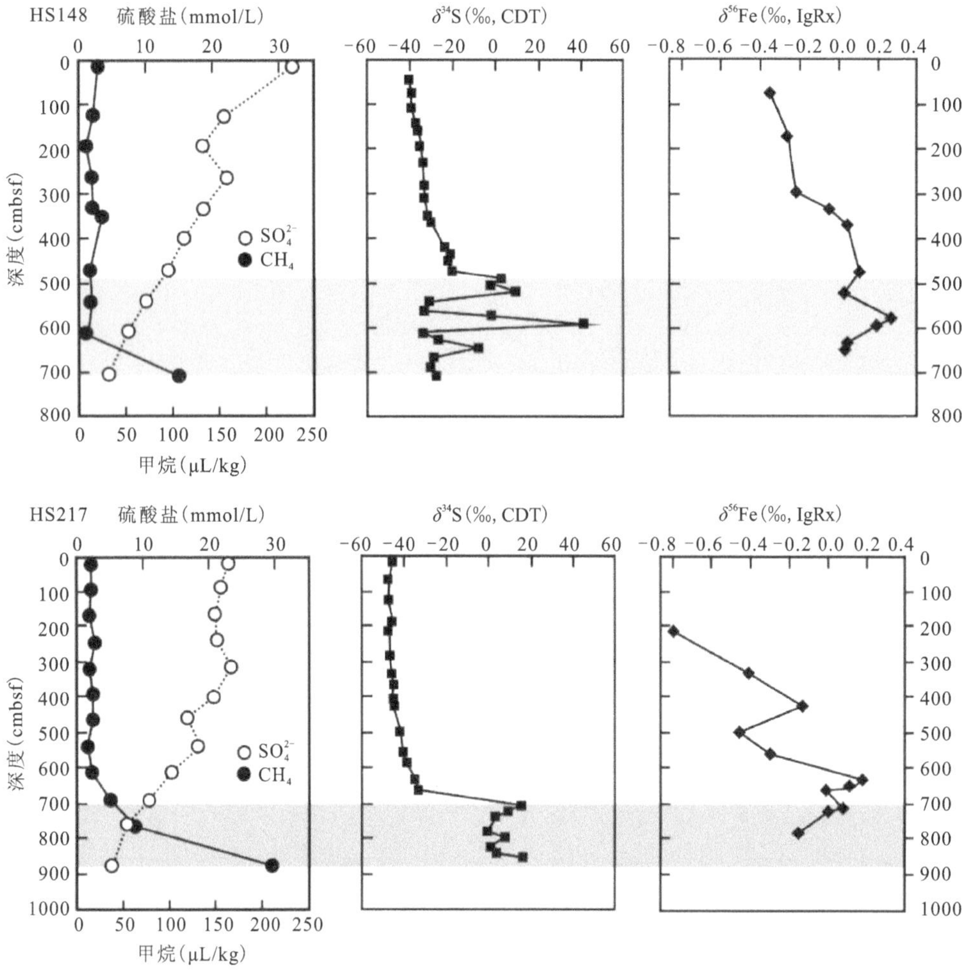

图 3.13 南海北部陆坡神狐海域 HS148、HS217 站位铁同位素组成图(修改自 Lin Z et al.,2017)

注:灰色区域为根据孔隙水硫酸盐浓度、甲烷浓度和黄铁矿硫同位素数据推测的 SMTZ 位置,图中硫同位素数据为铬还原硫(CRS)。IgRx. Igneous Rock,火成岩平均值。

4)黄铁矿的微量元素和镍同位素组成

黄铁矿中微量元素特征记录了黄铁矿形成时海水或孔隙水的地球化学条件,很难因后期氧化还原环境变化或元素迁移而改变(Gregory et al.,2017;Large et al.,2014)。因此,相较于全岩的微量元素特征,黄铁矿的微量元素组成有望成为研究不同成因黄铁矿(OSR 或 AOM)的载体。Chen C 等(2023)通过印度洋安达曼海 IODP 353 航次 U1447A 站位的研究,发现 AOM 所产生的黄铁矿与 OSR 主导所产生的黄铁矿在微量元素记录上有很大的差别。

该站位黄铁矿的微量元素组成变化曲线如图 3.14 所示。基于黄铁矿硫同位素变化,沉积柱的岩性段被分为Ⅰ段[0～126mbsf(meter below seafloor,海底以下……米)]、Ⅱa 段(126～150mbsf)和Ⅱb 段(150～250mbsf):其中Ⅰ段含有高黄铁矿硫同位素,Ⅱa 段为高黄铁矿硫同位素向低黄铁矿硫同位素过渡段,Ⅱb 段中所有黄铁矿均为较低黄铁矿硫同位素值。黄铁矿微量元素测试表明Ⅰ段和Ⅱa 段黄铁矿富集 Ni、Co,而Ⅱb 段富集 Cu、Zn 和 Mo(图 3.14)。

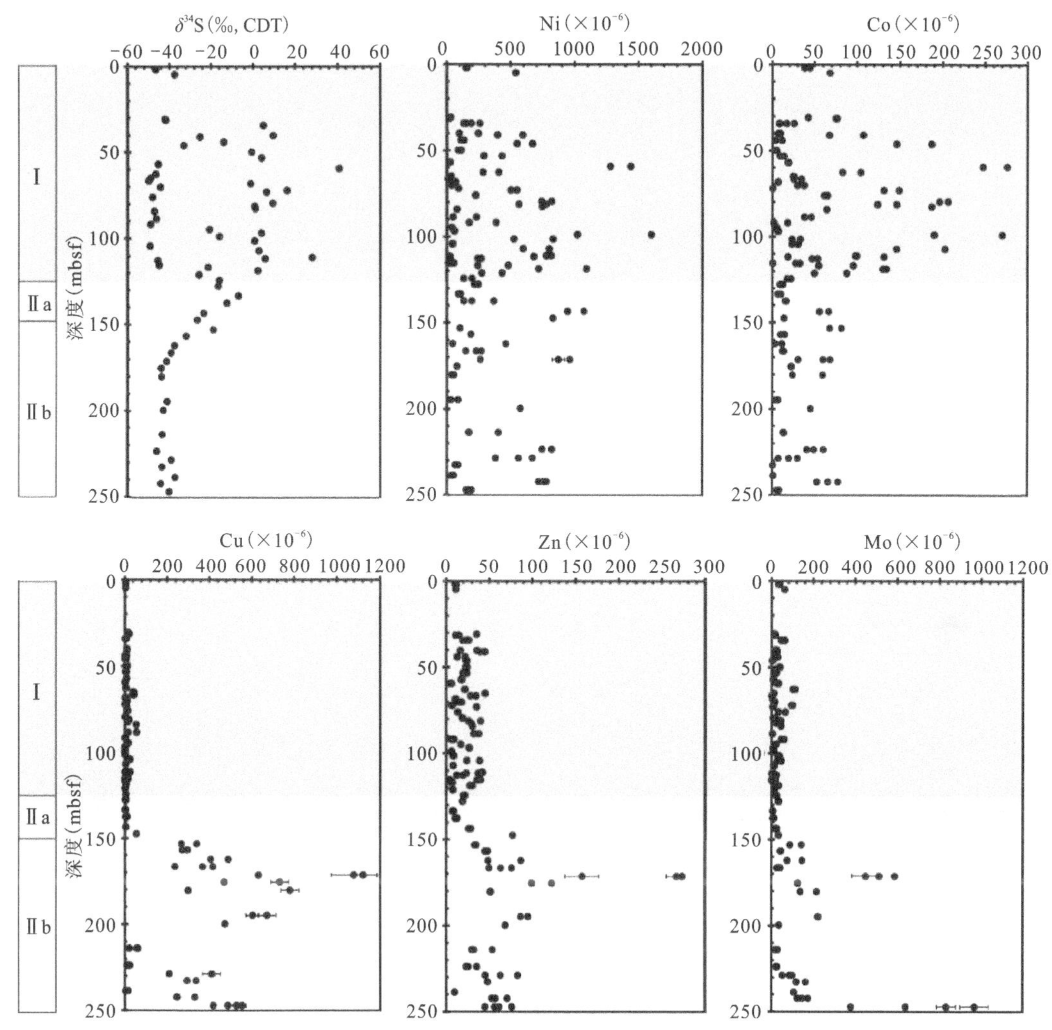

图 3.14　安达曼海中—晚第四纪黄铁矿硫同位素与黄铁矿 Ni、Co、Cu、Zn 和 Mo 含量(Chen C et al.,2023)

岩性Ⅰ段和Ⅱa 段中黄铁矿频繁出现高硫同位素值,其成因主要与 AOM 作用有关。硫酸盐还原作用优先消耗^{32}S,因此 OSR 作用会残留下富^{34}S的硫酸盐库,并被用于后续的 AOM 作用中。在前人研究中,黄铁矿硫同位素的高值往往被用于指示古甲烷事件(Feng et al.,2018;Lin Q et al.,2016)。然而,低海水硫酸盐环境(Fike et al.,2015)、高沉积速率(Liu J et al.,2021)或热液硫酸盐还原作用(Cui et al.,2018)也可以产生相当高的黄铁矿硫同位素值。但是该站位样品可以排除以上 3 种情况,因为:①研究样品沉积时期处于中—晚第四纪,其海水硫酸盐浓度与现代相同;②高沉积速率所产生的异常高黄铁矿硫同位素值往往需要大于 100cm/1000a 的沉积速率(Liu J et al.,2021;Pasquier et al.,2017),而该站位研究样品平均沉积速率很低(12cm/1000a);③热液硫酸盐还原作用通常伴有热液活动所产生的构造,但该站位研究样品中未发现任何热液活动留下的岩相学证据。此外,高顶空气甲烷含量所指示的甲烷水合物赋存带和相对低的有孔虫碳同位素所指示的孔隙水 DIC 富^{12}C均指示了岩性Ⅰ段和Ⅱa 段可能为甲烷渗漏事件频发时期(图 3.15)。由于中更新世转折期

(mid－Pleistocene transition，MPT)之后，海平面变化周期变长，导致变化幅度相对加剧，甲烷水合物更容易因此失稳释放。该时期甲烷释放事件的频发具有全球性，例如孟加拉湾 Krishna－Godavari 盆地、美国 Santa Barbara 盆地和东北太平洋 Cascadia 均在该时期报道了甲烷渗漏事件的响应(Joshi et al.，2014；Kennett et al.，2000；Li Q et al.，2010)。

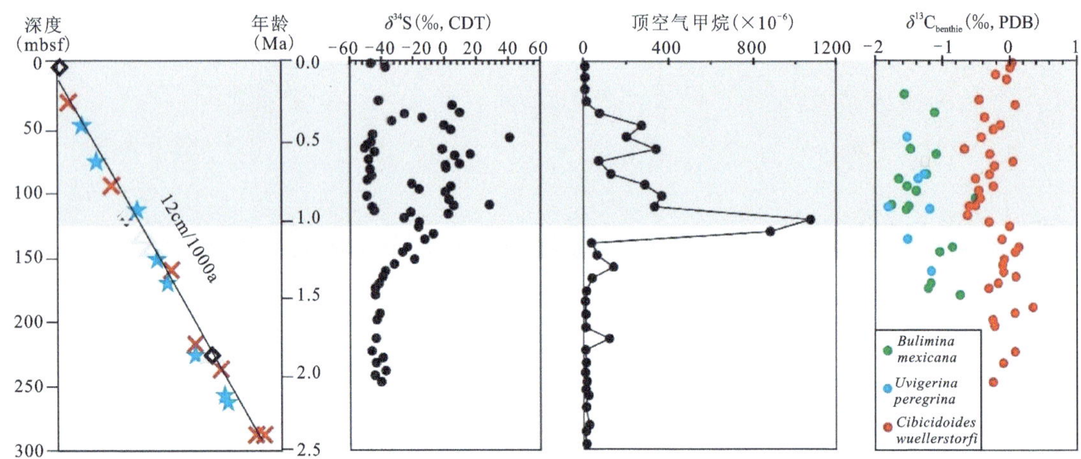

图 3.15　安达曼海 U1447 站位沉积速率、黄铁矿硫同位素、顶空气甲烷含量以及有孔虫碳同位素

沉积速率和顶空气甲烷含量引自 Clemens et al.，2016，有孔虫碳同位素引自岑越，2018。

与此同时，该站位岩性Ⅰ段和Ⅱa 段发育的黄铁矿富集 Ni、Co，其可能是 AOM 过程对这两种微量元素的需求所导致。在冷泉环境中，甲烷厌氧氧化古菌(anaerobic methanotrophic archaea，ANME)直接影响了 AOM 作用的强度(Hinrichs et al.，1999；Orphan et al.，2002)。由于 ANME 通过逆产甲烷作用将甲烷厌氧氧化(Hallam et al.，2003；Heller et al.，2008；Mayr et al.，2008；Scheller et al.，2010)，因此 AOM 作用所需的微量元素与产甲烷作用保持一致。产甲烷作用所需金属元素前 3 种分别为铁、镍和钴(Glass and Orphan，2012)，其中镍对于甲烷作用中最重要的酶之一 MCR 不可或缺。因此，理论上 AOM 作用也将对这 3 种元素有着相同的需求，这种需求可能导致 Ni、Co 后期被记录在早期成岩黄铁矿中，从而导致岩性Ⅰ段和Ⅱa 段黄铁矿相对富集 Ni、Co。

与此形成鲜明对比的是，岩性Ⅱb 段富集 Cu、Zn 和 Mo，其成因则为 OSR 主导。Cu 和 Zn 往往伴生并集中富集在有机质之中(Smrzka et al.，2019)。虽然 Mo 从水柱向沉积物的转移是通过吸附或者扩散作用进入铁、锰氧化物中，有机质对 Mo 的吸附作用也是 Mo 库之一(Piper and Perkins 2004)。因此，OSR 作用使有机质分解，释放有机质中大量赋存的 Cu、Zn 和 Mo，这些元素随后被记录在该反应同时产生的黄铁矿中，导致了Ⅱb 段黄铁矿 Cu、Zn 和 Mo 的富集。

虽然海洋沉积物中发育的黄铁矿与 AOM 相关过程的微量元素行为具体细节尚不清楚，但可以推测 AOM 作用发生时 Ni、Co 应存在于 ANME 和反应相关的金属酶或微生物而非孔隙水中。因此，记录孔隙水中 Ni、Co 含量升高的黄铁矿与 AOM 作用的增强可能并非等时，这就导致黄铁矿中 Ni、Co 含量的变化可能并不完全由 AOM 反应控制。尤其对于 Ni 而言，它除了被AOM所需求外，还存在于多个不同的库中，例如有机质、铁锰结壳、锰氧化物、碳酸盐岩等(Smrzka et al.,2019)，这些富镍物质的分解，都将可能导致孔隙水中Ni含量升高，这也是相比Co而言，在Ⅱb段也偶见高Ni含量黄铁矿的原因(图3.16)。

镍同位素(δ^{60}Ni)是近年来新兴指示甲烷循环和黄铁矿成因之间关系的有效指标。Chen C等(2023)研究认为可通过黄铁矿的镍同位素(δ^{60}Ni)来验证U1447站位岩性Ⅰ段和Ⅱa段镍含量升高的确切原因。U1447站位镍同位素组成如图3.16所示，其中岩性Ⅰ段和Ⅱa段整体呈现相对较低的δ^{60}Ni，在4.85mbsf为1.55‰，随后在111.07mbsf降低至−0.63‰，之后，到228.70mbsf上升至0.41‰。

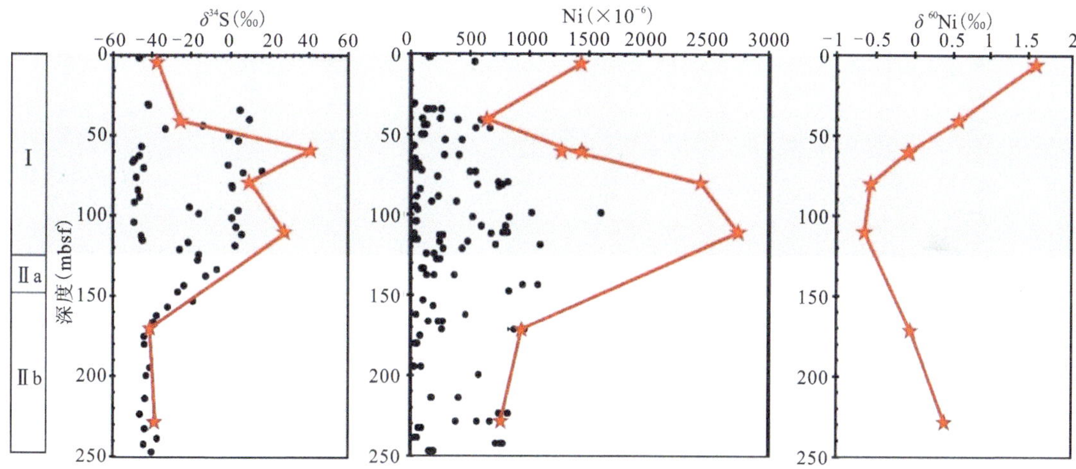

图3.16 U1447站位沉积物中黄铁矿镍同位素数据

注：五角星为镍同位素测试样品。

在缺氧和硫化环境中，镍以NiS的形式进入黄铁矿结构中，这个过程会产生镍同位素分馏导致其同位素值降低，目前在高温热液环境下发现最高分馏达到1.03‰(Gueguen et al.,2013)，但在低温(25℃)环境下约0.66‰(Landing and Lewis,1991)。尽管该同位素分馏机理尚不清楚，研究样品大都低于海水平均镍同位素组成印证了镍进入黄铁矿的过程存在镍同位素分馏这一现象(图3.17)。

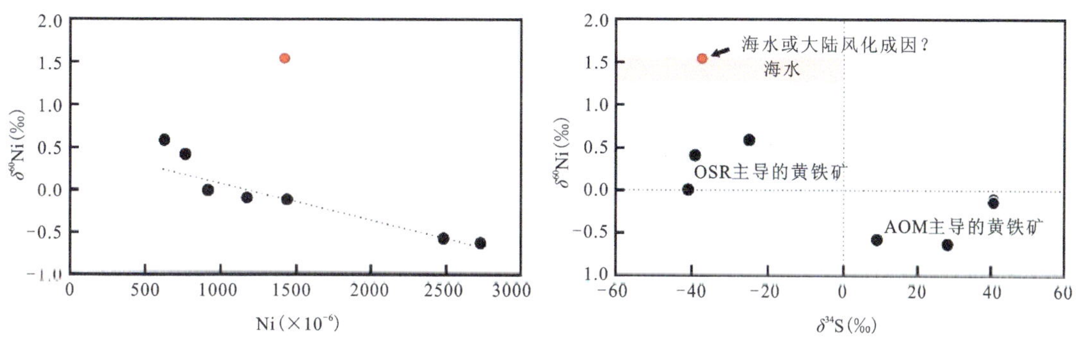

图3.17 U1447站位沉积物中黄铁矿δ^{60}Ni与黄铁矿Ni含量和黄铁矿δ^{34}S散点图

从图 3.17 中可知，除红色点含有高镍同位素值以外，其余所有黑色点显示出良好的负相关性($R^2=0.89$)。基于该站位 SMI(sulfate methane interface)约 20mbsf(Clemens et al.，2016)，深度处于 4.85mbsf 的红色点样品可能反映了海水镍同位素值或与陆源风化的含重 δ^{60}Ni 物质混合导致。若该样品反应海水镍同位素值，需要 Ni 进入黄铁矿的过程中几乎不存在分馏；另外，由于在陆表风化作用下，质量数大的 Ni 优先进入风化的溶液相(例如河流)，若黄铁矿形成并进入了大量陆源风化进来的 Ni，也会导致镍同位素升高。尽管前者相关成因目前无法完全排除，但该样品高含量的 Al 和 Ti 可能表明 δ^{60}Ni 异常高的成因与后者有关(图 3.18)。

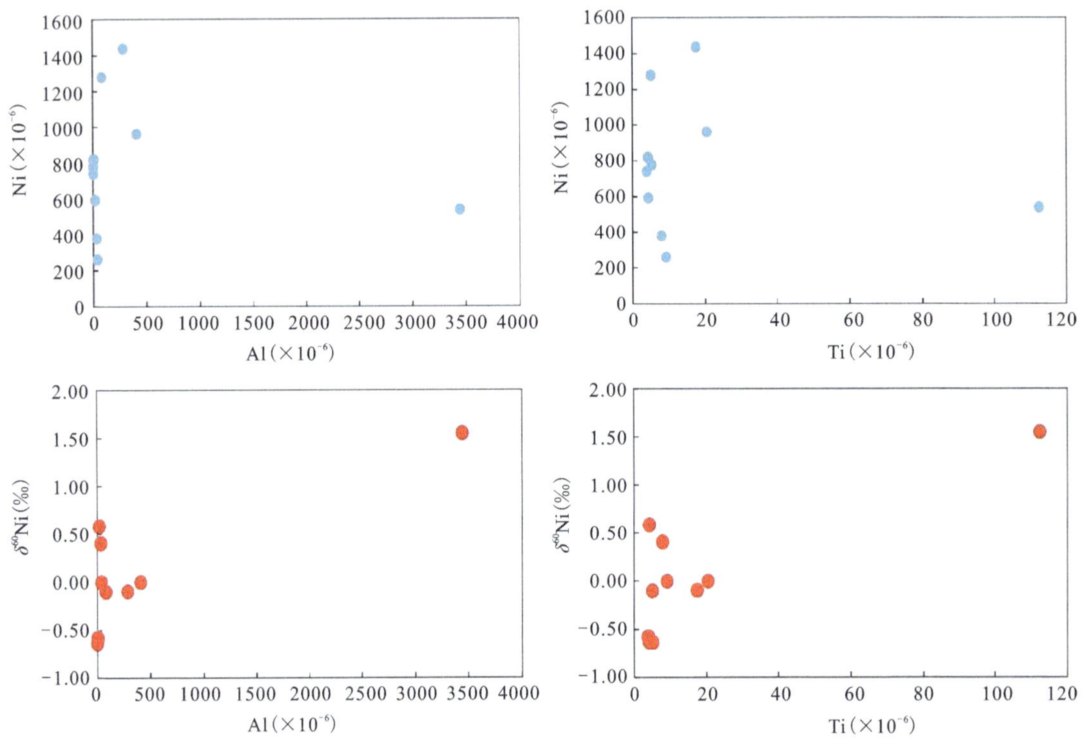

图 3.18　U1447 站位沉积物中黄铁矿 δ^{60}Ni、Ni 含量与 Al 含量和 Ti 含量散点图

U1447 站位Ⅰ段和Ⅱa 段沉积物中与 AOM 相关的黄铁矿表现出较高的黄铁矿硫同位素值，较低的镍同位素值可能与 AOM 的逆产甲烷作用相关。产甲烷作用的关键酶 MCR 其活性中心由 Ni 辅酶因子构成，因此 Ni 作为微量营养元素在产甲烷作用中不可或缺。同时，研究表明，产甲烷作用优先消耗^{58}Ni，且最高可以产生 1.46%的同位素分馏(Cameron et al.，2009)。而以逆产甲烷途径发生的 AOM 作用中，ANME 使用着一个与 MCR 高度相似的酶作为催化(Scheller et al.，2010)，因此 AOM 作用可能会出现与产甲烷过程相同的镍同位素分馏。假设研究区安达曼海海水镍同位素与平均海水镍同位素相同(1.40‰)，在 MCR 酶吸收镍所造成的同位素分馏和 Ni 最终进入硫化物所导致的分馏影响下，黄铁矿中出现的镍同位素理论上最低可达到−0.72‰，接近该站位研究获得的最低镍同位素值−0.63‰意味着在 AOM 过程中出现了和产甲烷作用相同的镍同位素分馏。

除产甲烷作用和 NiS 能够使镍同位素值降低以外，氢氧化铁的沉积或陆源高等植物也可以吸收轻镍从而产生低 δ^{60}Ni 值(Deng et al.,2014;Wasylenki et al.,2015)。但这些过程所造成的同位素分馏均小于 1‰(Deng et al.,2014;Elliott and Steele,2017;Gueguen et al.,2018),而无法产生本研究镍同位素最低值−0.63‰的样品(理论最低值分别为−0.26‰、−0.16‰)。此外,氢氧化铁的影响和陆源高等植物的影响可以通过 YREE 和陆源相关元素(如 Al、Ti 等)分别进行评估。

氢氧化铁的沉积通常会产生 LREE<MREE≈HREE 的稀土元素分配模式并伴随 Y 的负异常(Bau,1999),研究样品并无 Y 负异常出现,表明样品几乎未受到氢氧化铁沉积的影响(图 3.19)。REE/PAAS 分布在 0.50～0.96 之间,且表现出 MREE 富集或平坦分布趋势,指示了孔隙水的缺氧环境。高等植物倾向于吸收质量数更轻的 Ni,这样一个现象被发现于低 Zn 含量的培养环境中($\Delta^{60}Ni_{植物-培养液}$=−0.90,Deng et al.,2014)。若沉积物与陆源植物混合可能会降低孔隙水镍同位素值,但同时也会反映出陆源相关元素增加的现象。样品中未发现 Ni 含量和 Al、Ti 含量的正相关性,也未发现 δ^{60}Ni 和 Al、Ti 的负相关性(见图 3.18),表明陆源高等植物并不是导致镍同位素降低的主要因素。

综上所述,基于镍同位素降低成因是在 AOM 作用的理论基础上,黄铁矿镍同位素和 Ni 含量有较好的负相关性(见图 3.17,R^2=0.89)表明黄铁矿中镍的含量受控于 AOM 作用。由于黄铁矿在缺氧环境下能够稳定记录在地质历史时期中,黄铁矿微量元素能够很好地指示古甲烷事件。

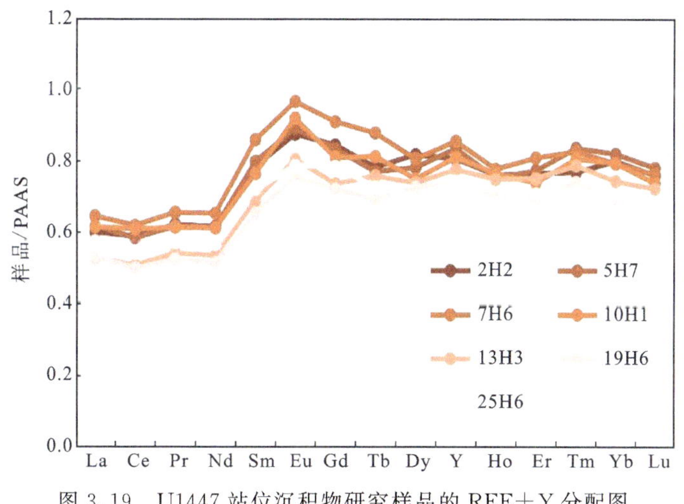

图 3.19　U1447 站位沉积物研究样品的 REE+Y 分配图

中国南海北部陆坡水合物赋存海域的最新研究成果进一步证实了黄铁矿的微量元素组成和镍同位素组成是区别 OSR 和 AOM 成因的有效手段(Chen C et al.,2024)(图 3.20)。在 OSR 和铁-锰还原带中形成的黄铁矿具有较低的硫同位素组成,同时富集 As、Cu、Zn 等微量元素;而在硫酸盐驱动的 AOM 带或铁-锰驱动的 AOM 带中黄铁矿具有较高的硫同位素组成,同时富集 As、Co、Ni 等微量元素。

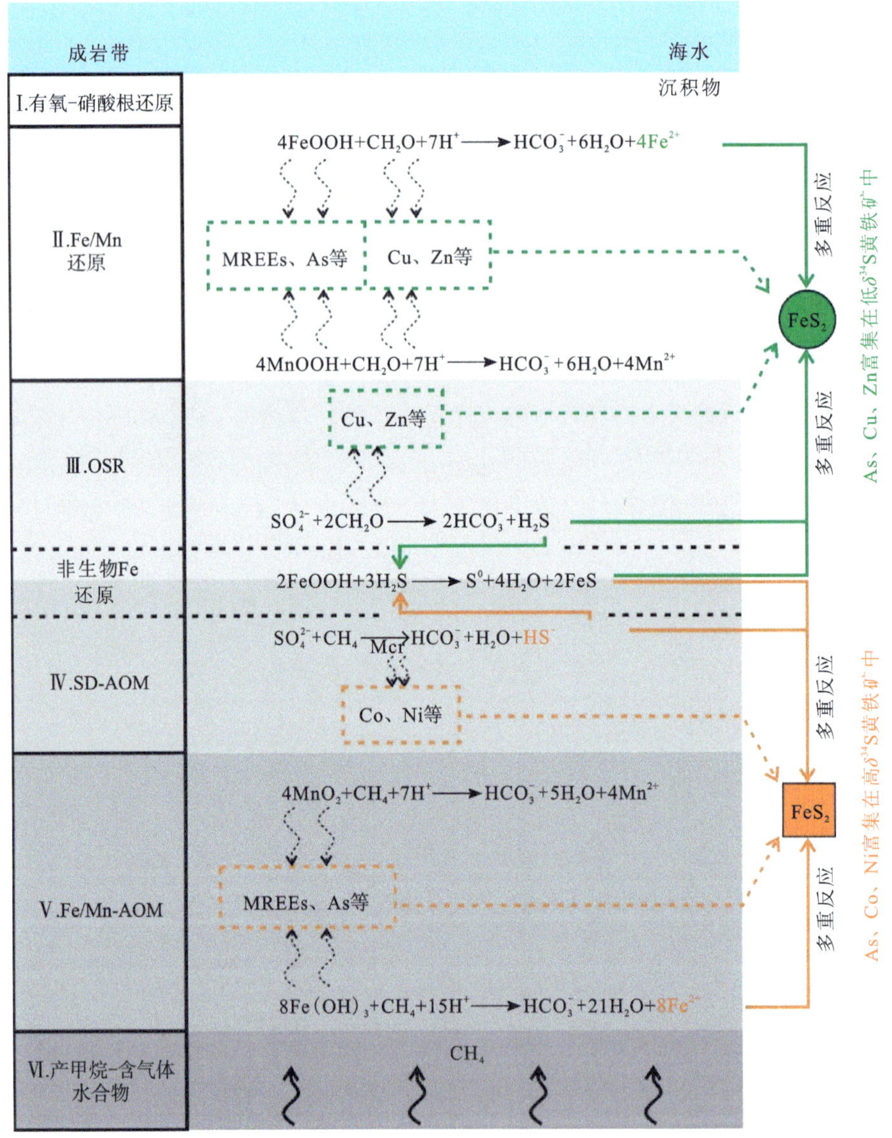

图 3.20　南海北部陆坡水合物赋存海域沉积物中黄铁矿的微量元素富集过程示意图

（修改自 Chen C et al.,2024）

5）海洋沉积物中黄铁矿的研究意义

黄铁矿是海洋沉积物中 AOM 反应和 OSR 反应的最重要自生矿物之一，黄铁矿的含量、硫同位素组成、莓球粒径大小等不仅在现代海洋中能够很好地指示 SMTZ 位置和 AOM 相对强度，还能帮助探查甲烷水合物的成储成藏位置（林杞，2016；Borowski et al.,2013；Lim et al.,2011；Lin Q et al.,2016a；Peketi et al.,2012），同时在古代海洋中也可作为硫循环研究的重要载体（Fike et al.,2015；Jones et al.,2013；Li C et al.,2010；Shi et al.,2018；Yan et al.,2009）。

海洋沉积柱中硫酸盐的还原作用会最终导致形成的自生黄铁矿往往具有较负的硫同位

素组成。当海水中硫酸盐浓度很低时，硫酸盐还原过程中硫同位素的分馏程度会减小，从而导致硫酸盐的硫同位素和黄铁矿的硫同位素之间差值（$\Delta^{34}S$）降低。正是利用这一特性，Shi 等（2018）在研究晚新元古代埃迪卡拉纪陡山沱组中，通过对比黄铁矿硫同位素与碳酸盐晶格硫同位素（carbonate - associated sulfate，CAS），发现了逐渐变大的 $\Delta^{34}S$，认为当时海洋中硫酸盐含量在沉积期间逐渐增加，为陡山沱时期顶部 Shuram 碳同位素负偏所对应的海洋大陆架的氧化背景提供了直接证据，同时也为埃迪卡拉纪海洋氧化状态、Shuram 负偏成因和同时期的生物演化活动提供了新的视野。

地质历史时期五大生物大灭绝之一的奥陶纪末生物大灭绝，对应了一次全球性的冰期事件，称为赫南特冰期（Hirnantian glaciation）（Brenchley et al.，1994；Chen C et al.，2017，2020，2024；Kump et al.，1999）。该时期多个剖面地层中黄铁矿的硫同位素组成表现出冰期时升高和冰期结束后降低的规律（Yan et al.，2009），可能指示海洋中硫酸盐浓度在冰期前、后的差异。

由此可见，海洋沉积物或海相地层中黄铁矿的硫同位素已经广泛运用在古、今海洋氧化还原沉积环境分析上。然而，由于地史时期海洋的硫酸盐浓度水平不同，有关不同地史时期古海洋的 AOM 作用和黄铁矿的硫同位素、莓球粒径等研究之间协同关系有待进一步深入探索。

3.3.2　单质硫

海洋沉积物中硫循环的始端为氧化态的 SO_4^{2-}，终端为还原态的黄铁矿。硫酸盐还原反应产生的 H_2S 主要有两种去向：①向上扩散到沉积物的氧化带内或水体中，不完全氧化为单质硫（elemental sulphur，ES，即 S^0）等中间产物或完全氧化为 SO_4^{2-}（Böttcher and Thamdrup，2001）；②与孔隙水中的活性铁组分反应后首先形成亚稳定态的 FeS（Rickard，1995），之后再通过一定的途径转化为稳定态的黄铁矿（Luther，1991；Rickard，1997；Wilkin and Barnes，1996）。同时，上述中间产物单质硫可以在微生物的作用下发生歧化反应，同时生成 H_2S 和 SO_4^{2-}（Canfield and Thamdrup，1994；Thamdrup et al.，1993）。生成的硫酸盐如果进一步发生硫酸盐还原作用，将会显示出相对之前更低的硫同位素值。铁硫化物在适当的氧化剂作用下也可以被氧化为单质硫等中间产物或硫酸盐（Schippers and Jørgensen，2002）。单质硫作为海洋沉积环境中硫循环的中间产物，对硫的物质循环和硫同位素分馏过程均有重要的影响。在一定的情况下也会出现在 SMTZ 附近，对 SMTZ 位置起到了一定的指示作用。

1）单质硫的形貌特征

本书作者团队近年来基于对南海北部陆坡水合物赋存海区 973 - 2 和 973 - 4 两个站位沉积物样品中单质硫的观察，在 973 - 2 站位共 6 个样品扫描电镜下观察到了单质硫颗粒，在 973 - 4 站位共 21 个样品扫描电镜下观察到了单质硫颗粒。在 973 - 2 站位中发现的单质硫颗粒总体呈球形—椭球形，粒径约 10μm；单质硫颗粒主要与黄铁矿共存，且多分布于矿物集合体的表层，也可见石膏晶体存在（图 3.21a～c）及不规则状等，粒径也明显偏大（＞20μm）；单质硫颗粒不仅与黄铁矿及其氧化物共存，而且与黏土矿物、磷等共存（图 3.21d～i）。

在 973 - 2 和 973 - 4 两个站位中发现的单质硫颗粒均不具备明显的晶型特征，且其表面均不平整，分布具有相对规则的凹陷或呈现出明暗不同的斑点、条带，这可能与矿物遭受不同程度的溶蚀等有关。此外，虽然扫描电镜下大部分单质硫颗粒分布于矿物集合体的表层，但也有少量颗粒与其他矿物之间表现出了复杂的空间关系(图 3.21)。

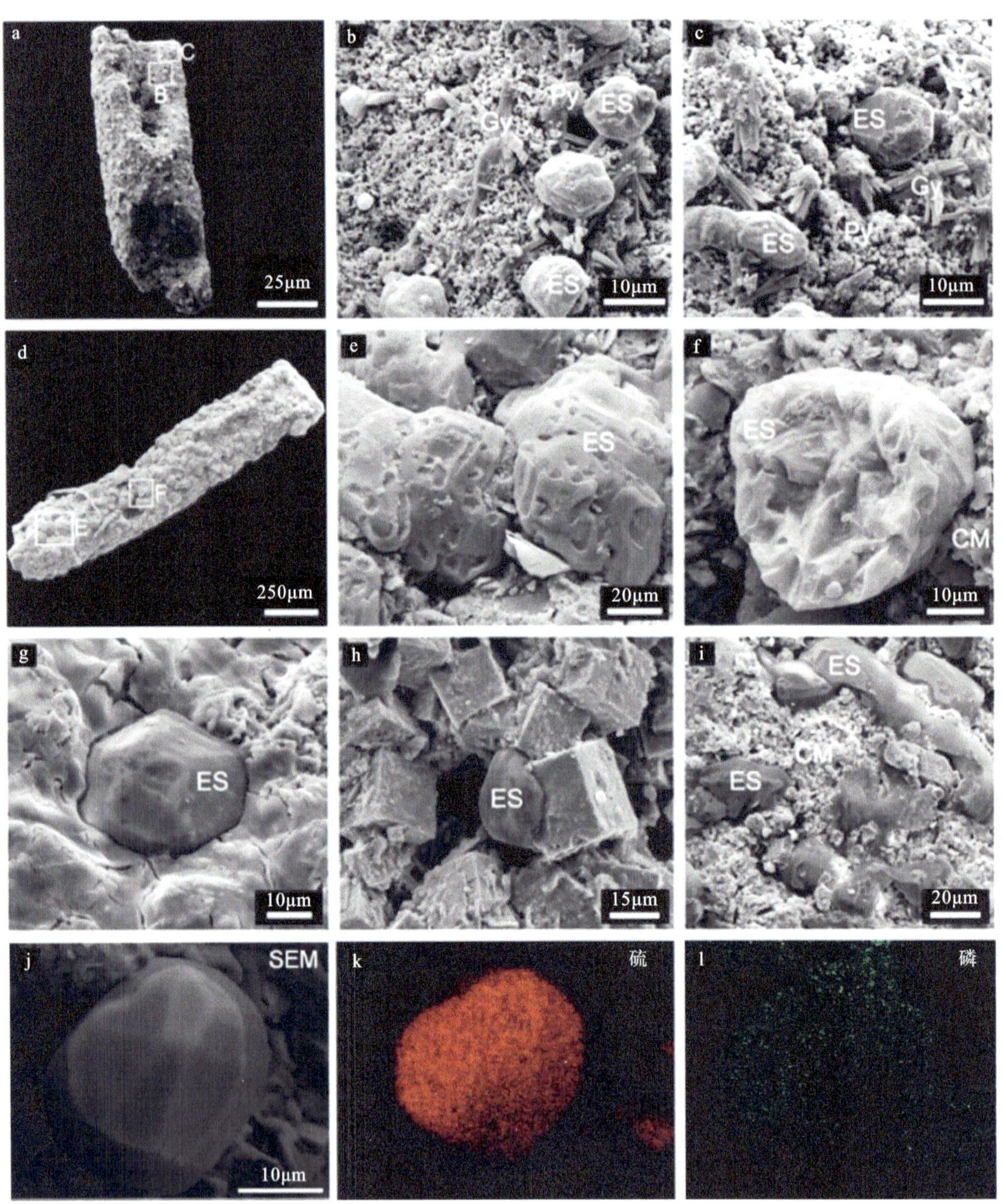

图 3.21　南海北部陆坡水合物赋存海区沉积物中单质硫颗粒的显微形貌图(林杞，2016；Liu J et al.，2020)
a. 棒状-管状黄铁矿集合体，样品号为 973－2－128；b、c. 样品 a 的局部放大，大量单质硫颗粒呈斑点状分布于集合体表层，局部可见莓球状黄铁矿、单质硫颗粒和放射状石膏三者共存；d. 棒状矿物集合体，样品号为 973－4－266；e、f. 样品 d 的局部放大，以单质硫颗粒为主体，其表面具有相对规则的凹陷，颗粒间界线模糊，缝隙被黏土矿物等充填；g. 单质硫颗粒与黄铁矿的氧化物共存，样品号为 973－4－184；h. 单质硫颗粒与八面体黄铁矿的氧共存，样品号为 973－4－226；i. 单质硫颗粒与黏土矿物共存，样品号为 973－4－275；j～l. 单质硫元素扫描(Liu et al.，2020)。ES＝elemental sulfur(单质硫)；Py＝pyrite(黄铁矿)；Gy＝gypsum(石膏)；CM＝clay mineral(黏土矿物)。

2)单质硫的含量及分布特征

基于南海 973－2 和 973－4 两个站位沉积物样品，通过扫描电镜观察和激光拉曼光谱测试等手段确认了单质硫颗粒的存在。同时通过大量自生矿物集合体的显微形貌观察，半定量一定性地研究了沉积物中单质硫颗粒的含量分布。自生黄铁矿的相对含量及其硫同位素组成特征表明(图 3.22)，973－2 站位岩芯柱沉积物中自生黄铁矿相对含量普遍不高，但其硫同位素组成在 450～500cmbsf 处呈现出明显正偏的特征，最高值可达 15.94‰，CDT(图 3.22)；而 973－4 站位岩芯柱沉积物中的自生黄铁矿在 600～900cmbsf 处相对含量明显增高，且其硫同位素组成也呈现出明显正偏的特征，最高值可达 37.2‰，CDT。据此可知，973－2 站位岩芯柱的 SMTZ 位于 450～500cmbsf 深度位置，而 973－4 站位岩芯柱的 SMTZ 位于 600～900cmbsf 深度位置(图 3.22)。两个站位岩芯柱沉积物中单质硫颗粒的分布存在相似的规律，即单质硫颗粒主要分布于 SMTZ 及其附近深度的沉积物中。两者在深度位置上的耦合表明单质硫颗粒的形成与 SMTZ 之间很可能存在密切联系。

Liu J 等(2020)对其中的 973－4 站位进行了更为详细的单质硫提取，定量地体现出该站位单质硫的含量变化，清晰地表现出在 SMTZ 上下端元单质硫含量达到了硫锋(S－front)(图 3.23)。硫锋的形成主要是 SMTZ 内铁供给不足导致。随着 AOM 作用和 OSR 作用产生硫化氢并进一步与活性铁结合产生黄铁矿，在 SMTZ 上部的活性铁持续减少，导致活性铁的供给逐渐不足，AOM 作用新产生的硫化氢将不会被限制在 SMTZ 内，并向 SMTZ 上下两端扩散。这些硫化氢会通过与铁氧化物的结合产生单质硫或硫化亚铁并形成所谓的硫锋。这一研究成果揭示了海洋沉积物中单质硫形成的原因，并为进一步识别 SMTZ 位置提供了又一新的方法。

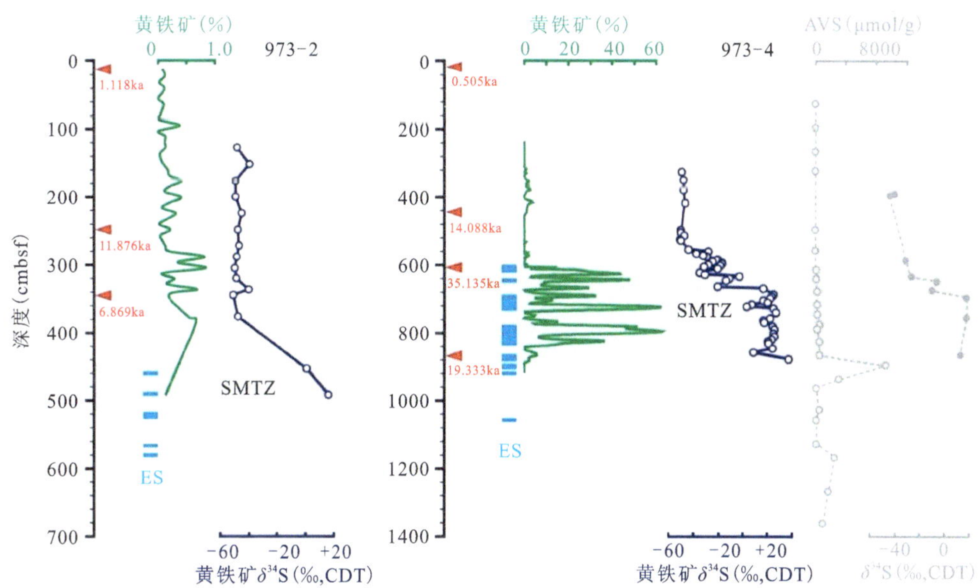

图 3.22　沉积物中单质硫颗粒分布、黄铁矿相对含量及其硫同位素组成(修改自林杞，2016)

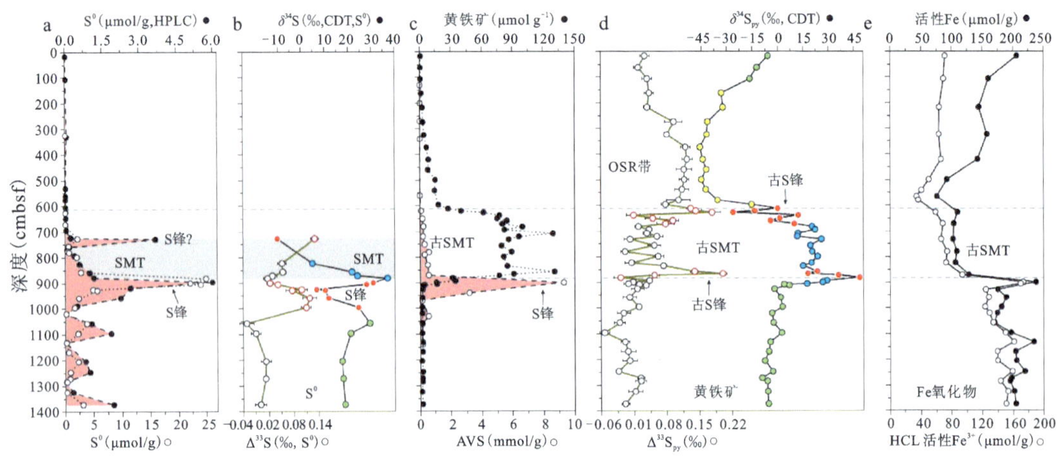

图 3.23　973-4 站位单质硫含量(a)及硫同位素($\delta^{34}S$ 和 $\Delta^{33}S$)(b)、黄铁矿含量(c)及硫同位素($\delta^{34}S$ 和 $\Delta^{33}S$)(d)和活性铁变化曲线(e)(修改自 Liu J et al.,2020)

3)单质硫的多硫同位素组成

由于海洋沉积物中 OSR 和 AOM 共同消耗硫酸盐,使得孔隙水中硫酸根离子在 SMTZ 带内已被消耗殆尽。然而,有学者在 SMTZ 之下的产甲烷带中发现了含量极低但可以被检测到的硫酸盐(Holmkvist et al.,2011),这与产甲烷作用所需的极度厌氧环境不符。这样一个重新出现的硫循环被认为是由于向下扩散的硫化物被深埋藏的 Fe^{3+} 氧化,产生了新的单质硫,并通过其歧化反应产生了新的硫酸盐。目前,更加细致的生物地球化学、基因检测和与之相对应的铁、锰和重晶石等矿物的研究已经证实了这一"隐秘"硫循环的存在(Brunner et al.,2016;Pellerin et al.,2018;Treude et al.,2014)。Liu J 等(2020)通过对单质硫的 $\Delta^{33}S$ 和对应的 $\delta^{34}S$ 之间出现的负相关现象,进一步证实了这一"隐秘"硫循环的存在(图 3.24)。由于硫化物的氧化过程中硫的分馏程度几乎为 0,从 SMTZ 带向上和向下扩散的 H_2S 通过与沉积物中铁-锰氧化物的反应重新产生单质硫,并继承了原本硫化氢的硫同位素。这些单质硫随后可以通过歧化反应进一步产生拥有更低同位素的硫化氢和更高同位素的硫酸盐(Canfield and Thamdrup,1994)。

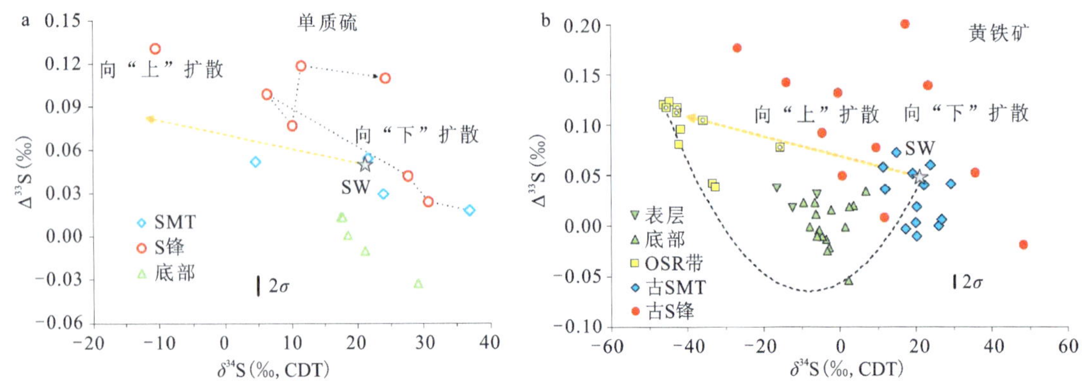

图 3.24　单质硫及黄铁矿 $\delta^{34}S$-$\Delta^{33}S$ 散点图(修改自 Liu J et al., 2020)

若将氧化态的单质硫和还原态的硫化物放入一个理想的单一体系中，而硫酸盐视作可离开体系的产物，定性地说硫的歧化反应导致一部分富^{34}S的硫被氧化变成硫酸盐离开体系，另一部分更轻的硫化氢仍在体系中。这些硫化氢可再次变成单质硫并歧化成为更低的硫化物（同时产生硫酸盐离开体系），最终体系内单质硫的硫同位素含量将越来越低。

根据瑞利公式可将上述过程进一步定量化：

$$\ln(R_{R}/R_{R,0})=(\alpha-1)\ln(f) \tag{3.4}$$

式中：R_R为剩余还原态硫的硫同位素组成；$R_{R,0}$为最初的还原态硫同位素值；f为还原态硫中^{32}S的百分比；α为硫化物与硫酸盐的分馏系数，由于$^{34}\alpha=1.022$（Canfield and Thamdrup，1994），可以定量估算出随着单质硫不断歧化产生硫化氢，并氧化成单质硫再歧化，其硫同位素的变化曲线见图 3.25。

不同于$\Delta^{34}S$简单地表示为硫酸盐和同时产生的黄铁矿硫同位素的差值，$\Delta^{33}S$表达式如下：

$$\Delta^{33}S(‰)=\delta^{33}S-1000\times\left[\left(1+\frac{\delta^{34}S}{1000}\right)^{0.515}-1\right] \tag{3.5}$$

低温平衡条件下，硫同位素分馏指数$\lambda=\ln^{33}\alpha/\ln^{34}\alpha$，约 0.515（Ono et al.，2006）。同样地，单质硫歧化反应所产生的分馏指数也约 0.515（Johnston et al.，2005）。在λ约 0.515 的情况下，由于式 3.5 所产生的$\delta^{34}S$和$\Delta^{33}S$的非线性效应，近似效果如图 3.26 所示。即若 A、B 混合产生 C（或质量分馏封闭体系中，A、B 反应产生 C），所产生的$\Delta^{33}S$具有比原来更低的理论值。同样的，在质量平衡的封闭体系中，C 歧化产生 A 和 B（即单质硫歧化产生硫化氢和硫酸盐），所得产物相对原来应具有更正的$\Delta^{33}S$。因此，硫化物氧化成单质硫与其随后的歧化作用将产生更低的$\delta^{34}S$和更高的$\Delta^{33}S$。973 - 4 中单质硫$\delta^{34}S$和$\Delta^{33}S$出现的负相关性正是这一“隐秘”硫循环在同位素地球化学上的表现。

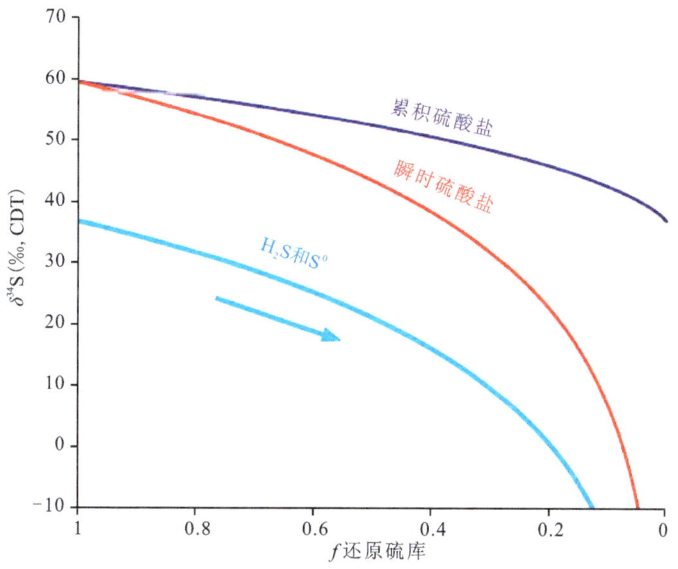

图 3.25　单质硫及其所产生硫酸盐理论硫同位素值示意图（修改自 Liu J et al.，2020）

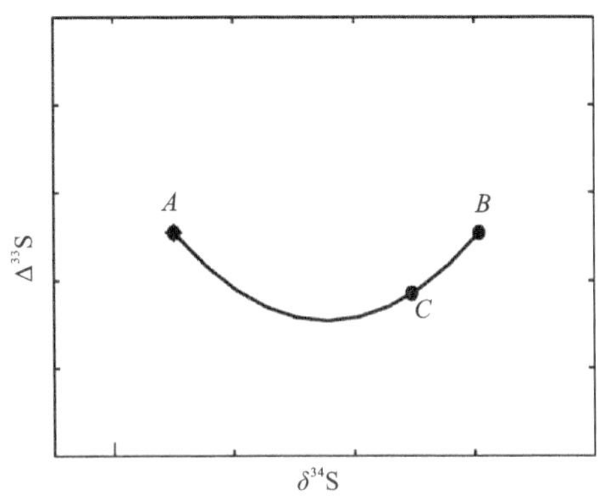

图 3.26　$\Delta^{33}S$ 非线性效应示意图(修改自 Ono et al.,2006)

AOM 作用产生的黄铁矿在 $\Delta^{33}S$ 上也会有一定的响应。以南海北部陆坡水合物赋存海区站位 973-4 为例,该站黄铁矿主要来自 3 个单元:①沉积物表面外来黄铁矿($\delta^{34}S=0‰$,$\Delta^{33}S=0‰$);②OSR 驱动黄铁矿($\delta^{34}S=-46‰$,$\Delta^{33}S=0.12‰$);③AOM 驱动黄铁矿($\delta^{34}S=21‰$,$\Delta^{33}S=0.05‰$)。由于 $\delta^{34}S$-$\Delta^{33}S$ 混合的非线性关系,其中任意两单元混合所得到的$\Delta^{33}S$ 都会比原来单元的值要低(Ono et al.,2006),即 SMTZ 上界面所产生的 $\delta^{34}S$-$\Delta^{33}S$ 负相关性是由②和③两个单元混合导致。SMTZ 下界面也显示出 $\delta^{34}S$-$\Delta^{33}S$ 负相关性,其解释与前文单质硫解释类似:Fe 供给不足的情况下,H_2S 下移,氧化成单质硫再歧化成硫酸盐和同位素更轻的硫化氢,该硫化氢具有更重的 $\Delta^{33}S$,出现黄铁矿化后,产生 $\delta^{34}S$-$\Delta^{33}S$ 负相关性。

4)单质硫的研究意义

单质硫的出现所形成的硫锋为识别 SMTZ 添加了一种手段,为探测水合物富集层提供了新的理论依据。同时,单质硫 $\delta^{34}S$-$\Delta^{33}S$ 负相关性的出现揭示了 SMTZ 之下隐秘的硫循环。虽然单质硫在地史古海相地层中很难被保存,但其出现所指示的隐秘硫循环将有可能重建传统的古海洋化学分带,进而产生更加深远的影响。

3.3.3　其他硫化物类矿物

3.3.3.1　胶黄铁矿(greigites,Fe_3S_4)

SMTZ 内发生 AOM 反应可以生成大量的 HS^-,使得亚铁磁性矿物大量溶解并生成大量顺磁性自生黄铁矿,二者共同导致了磁化率的异常降低。但是,当 HS^- 不足时,铁硫化物黄铁矿化程度不充分,可能会优先生成胶黄铁矿,导致二次磁信号;同时,单质硫氧化后硫化亚铁也会产生胶黄铁矿。胶黄铁矿和磁黄铁矿一样都具有反尖晶石结构,扫描电镜下胶黄铁矿通常表现为八面体或球状颗粒,并以颗粒聚集体的形式存在(李文等,2022)。

在海洋沉积物中,HS^- 的生成速率和活性铁的含量共同控制着黄铁矿化过程(Wilkin and Barnes,1997)。在 HS^- 过量且有足量活性铁情况下黄铁矿化会充分进行,铁硫化物最终转化为黄铁矿(FeS_2)(式 3.6)(Berner,1967;Mazumdar et al.,2012)。然而,HS^- 供应不足将导致部分黄铁矿化。因此在低 HS^- 浓度情况下,胶黄铁矿会先于黄铁矿沉淀(式 3.7)并保存在海洋沉积物中。同样的，若硫化亚铁被单质硫氧化也会产生胶黄铁矿。

$$3FeS + S^0 \longrightarrow Fe_3S_4 + 2S^0 \longrightarrow 3FeS_2 \quad (3.6)$$

$$3FeS + HS^- \longrightarrow Fe_3S_4 + 2H^+ + 2HS^- \longrightarrow 3FeS_2 + 4H^+ \quad (3.7)$$

磁化率是表征物质在磁场中被磁化的难易程度，磁化率的数值大小主要取决于沉积物中磁性矿物的种类、含量和磁性颗粒的粒径组成等。在 Fe 还原带、SO_4^{2-} 还原带、AOM 带都伴随有亚铁磁性矿物的溶解，导致磁化率的降低，其中又以 AOM 带磁化率降低的幅度最大。在甲烷渗漏海域，向上运移的 CH_4 与海水中硫酸盐在 AOM 带内剧烈反应，生成大量 HS^-，造成亚铁磁性矿物大量溶解（式 3.8），随后 HS^- 与溶解的 Fe^{2+} 反应，生成大量顺磁性的黄铁矿。两者共同作用就导致 SMTZ（AOM 带）内出现磁化率的异常降低（Berner，1984；Dewangan et al.，2013；Hunger and Benning，2007；Shen and Buick，2004；Wilkin and Barnes，1997）。

$$CH_4 + 8Fe(OH)_3 + 15H^+ \longrightarrow HCO_3^- + 8Fe^{2+} + 21H_2O \quad (3.8)$$

胶黄铁矿是亚铁磁性矿物，其磁化率值较大，这导致在胶黄铁矿出现的情况下，沉积物磁化率在快速降低后的一定深度还会呈现第二次磁信号（Dewangan et al.，2013；Rowan and Roberts，2006；Rowan et al.，2009）。

南海北部一些站位上检测出了由于胶黄铁矿的出现导致的此异常现象（林荣骁，2016）。以台西南盆地 Site DH－CL11 站位为例，该站位的古 SMTZ 位于 705.5～765.5cmbsf 深度（图 3.27），在古 SMTZ 内磁化率先大幅度降低而后异常增加，在 745.5cmbsf 深度达到最大，并且该深度自生黄铁矿也出现异常高值，推测可能该站位地史时期该处发生了持续时间较长的甲烷渗漏事件，随着向上运移的甲烷通量减小，AOM 反应强度减小，导致生成的 HS^- 不足，且此次甲烷渗漏事件整体持续时间较长，生成的胶黄铁矿量较大，使得磁化率在下降后出现二次磁信号。另外，可能由于 SMTZ 带内 H_2S 大量转化为黄铁矿，SMTZ 界面之下 H_2S 供给不足，优先产生胶黄铁矿，SMTZ 下部磁化率变高。

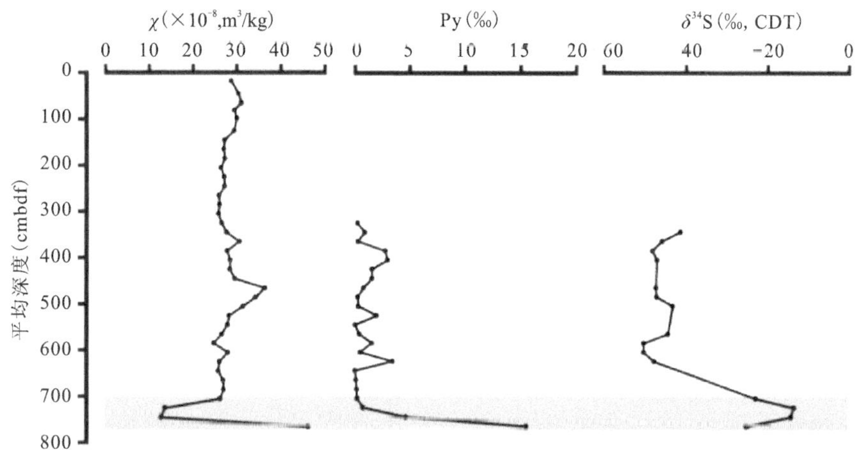

图 3.27　南海北部陆坡水合物赋存海区 Site DH－CL11 站位钻探岩芯沉积物的磁化率、自生黄铁矿丰度和硫同位素组成随深度变化图（林荣骁，2016）

磁化率二次增大现象出现在 SMTZ 相对较为下部的位置，也有可能是 SMTZ 之下的下硫锋提供的单质硫，氧化了此时因 H_2S 不足产生的硫化亚铁，从而形成胶黄铁矿。SMTZ 内发生 AOM 反应，使得亚铁磁性矿物大量溶解并生成大量顺磁性自生黄铁矿，导致磁化率的异常降低。因此，林荣骁(2016)认为利用沉积物的磁化率特征可以在一定程度上指示海底甲烷渗漏事件，有助于我国南海北部海域天然气水合物藏的勘探。

3.3.3.2 磁黄铁矿(pyrrhotite，$Fe_{1-x}S$)

黄铁矿化过程的中间产物除了单质硫以外，还有硫化亚铁(FeS)，即直接由硫化氢与水体中的二价铁离子结合形成。自然界中，硫化亚铁往往以磁黄铁矿($Fe_{1-x}S$，$x=0\sim0.125$)的形式存在(Sun et al.，2011)。

磁黄铁矿具有金属光泽，暗青铜黄色带红色，具磁性，是仅次于磁铁矿之外的最常见磁性矿物。磁黄铁矿如果在地表则容易风化而变成褐铁矿。

磁黄铁矿的结晶态有两种：当硫含量较低、化学组成趋近 FeS 时，晶体结构呈六方对称；相反地，高硫含量的情形下晶体则是属于单斜对称型式。在自然界中，有时可以见到这两种结构出现在同一个磁黄铁矿中。

形成硫化亚铁或者磁黄铁矿需要 Fe^{2+}，考虑前文所述海洋沉积物中磁异常现象往往出现在 SMTZ 下界面附近，因此磁黄铁矿的形成很有可能与 SMTZ 之下出现的铁驱动 AOM 作用有关(Beal et al.，2009；Sivan et al.，2011；Egger et al.，2017)。此外，SMTZ 之下有时会含大量铁硅酸盐(Liu J et al.，2018)，也可以为铁驱动 AOM 提供有利条件。

磁黄铁矿与胶黄铁矿一样在沉积物中所产生的磁化率异常现象也可能作为指示 SMTZ 位置和甲烷水合物成藏演化特征的新指标，同时为 SMTZ 之下可能出现的铁驱动 AOM 提供很好的研究指标。

3.3.3.3 白铁矿(marcasite，FeS_2)

白铁矿的元素组成是 FeS_2，常含砷、锑、铋、镍、钴等其他元素，是黄铁矿的同质多象变体。白铁矿属于斜方晶系，晶体常呈板状，集合体呈结核状、钟乳状、皮壳状等；颜色常见为淡黄铜色，微带浅灰色或浅绿色；条痕灰绿色，金属光泽；硬度 5～6，相对密度 4.6～4.9；在自然界中分布远比黄铁矿少。

一般认为白铁矿与黄铁矿形成条件不同，白铁矿是在弱酸性溶液中沉淀而成。Zhang M 等(2011，2014)在南海北部陆坡水合物赋存海域沉积物中发现草莓状黄铁矿的核部周围增生白铁矿外层(图 3.28)，表明在黄铁矿的形成过程中沉积环境发生了改变。通过与黄铁矿同时发现的纳米级石墨碳发育特征的研究(式 3.9)，认为发生了由黄铁矿作为催化剂的甲烷的分解。

$$CH_4 \longrightarrow C + e^-(Py) + H^+ \tag{3.9}$$

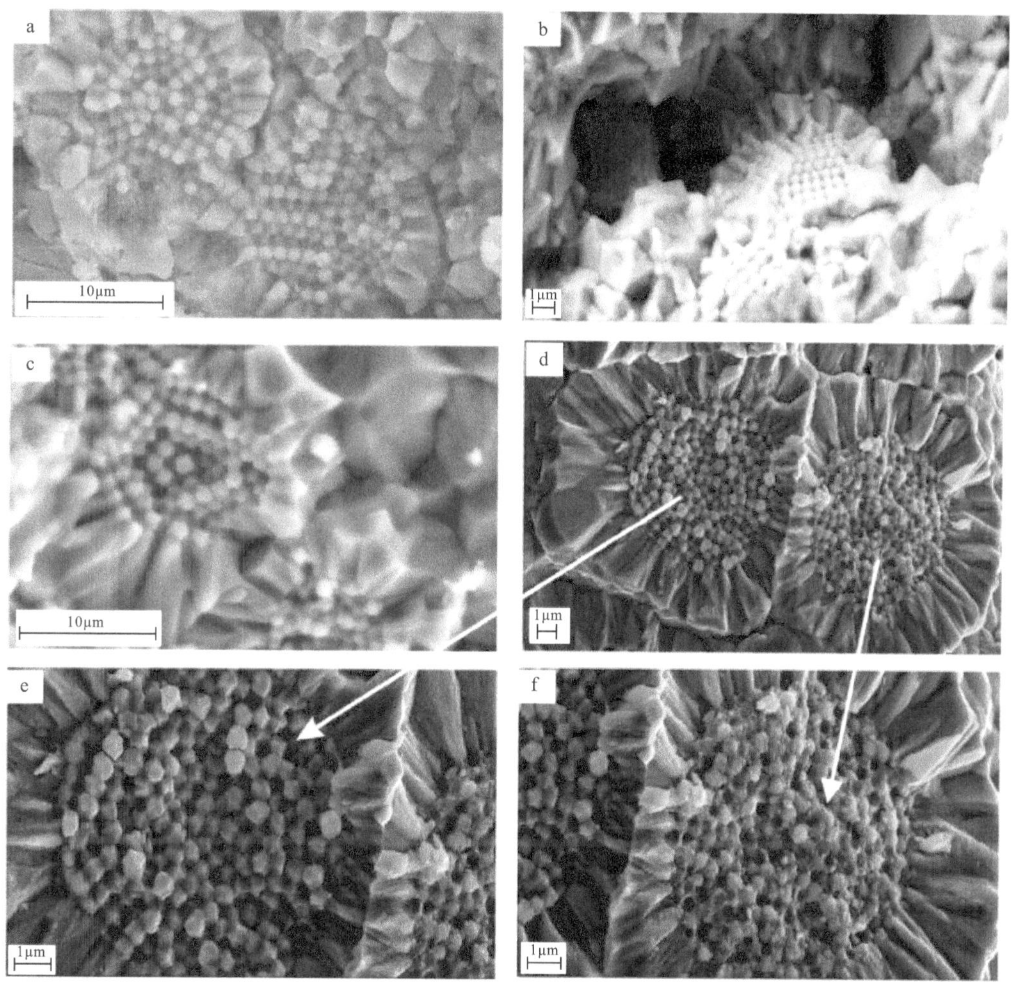

图 3.28　草莓状黄铁矿及外部加大边扫描电镜照片(Zhang et al.,2014)

上述化学反应降低了黄铁矿周围水体的 pH(Xu,2010),促进了后续白铁矿的形成,进而形成了草莓状黄铁矿周围的加大边(图 3.28)。由于海洋沉积过程中有机质厌氧氧化(OSR)作用和甲烷厌氧氧化(AOM)作用过程中均伴随有硫酸盐还原反应,二者均可以形成自生草莓状黄铁矿。式 3.9 展示的甲烷分解产生石墨碳并降低 pH 而产生白铁矿的成因机制,有可能被用于区分 OSR 主导或 AOM 主导的黄铁矿成因差异。

3.4　硫酸盐类自生矿物

海洋沉积物中硫酸盐类自生矿物是海洋天然气水合物地质系统沉积物中常见的自生矿物之一,对于水合物的成藏演化研究同样具有重要意义,主要类型包括重晶石和石膏等矿物。

现代海洋沉积物中重晶石的形成位置被认为可以示踪 SMTZ 的位置(Torres et al., 1996),沉积柱中不同深度层位的重晶石富集现象则记录了不同时期的 SMTZ 位置,暗示了深部释放甲烷通量上的变化特征(Dickens,2001;Riedinger et al.,2006)。因此,海洋沉积物和地史时期海相地层中异常多的重晶石沉淀已经成为识别地质历史时期天然气渗漏的标志之一(冯东和陈多福,2007)。海洋沉积物中发育自生石膏也曾被多次报道,但大多数研究并未深入阐明这类海相非蒸发成因的自生石膏形成机制。Wang J 等(2004) 通过对东北太平洋大陆边缘的水合物脊(hydrate ridge)钻探沉积物样品的研究,指出沉积物中石膏的形成与天然气水合物形成过程中排离子效应密切相关。本节将通过本书作者团队多年的研究成果,同时结合前人文献报道,介绍海洋天然气水合物地质系统沉积物中硫酸盐类自生矿物的研究。

3.4.1 重晶石

重晶石(barite)的主要化学成分为硫酸钡($BaSO_4$),同时可含有 $SrSO_4$、$BaCO_3$ 和其他重金属杂质,属斜方晶系(孙杨等,2018)。它的特点是密度大、折射率高、化学性能稳定,常呈厚板状或柱状晶体,多为致密块状或板状、粒状集合体。重晶石质纯时无色透明,含杂质时呈多种颜色;白色条痕,玻璃光泽,透明至半透明;3 组完全解理,硬度 3～3.5,相对密度4.0～4.6。

1)重晶石的成因

重晶石是由 Ba^{2+} 与 SO_4^{2-} 结合而成($Ba^{2+} + SO_4^{2-} \longleftrightarrow BaSO_4$),广泛发育于蒸发环境中,也有报道于热液、冷泉环境中。正常的海水中含有极少量 Ba^{2+},Ba^{2+} 驻留时间很短(蒋干清等,2006),在海水中结晶的微量重晶石(marine barite)大多随着沉积物一起沉淀后被埋藏(Paytan et al.,2002),重晶石通量可作为估算海洋生产力的一个重要指标(王家生等,2012)。

前人对海洋非蒸发环境中重晶石的成因研究有不少报道,主要有生物成因、热液成因和天然气渗漏成因(Torres et al.,2003),海相重晶石也在远洋海底沉积热液喷口及大陆边缘天然气渗漏地区等采集到。

生物成因的重晶石是指在远洋海底腐解的生物碎屑内部微环境中,Ba^{2+} 离子与 SO_4^{2-} 离子积浓度达到过饱和后沉淀形成的一种微粒状重晶石(吕志成等,2004),主要以微细粒状的形式充填于生物碎屑腔体或生物有机质软体腐解后所形成的空隙内,或呈微细粒状形成于有机质团块内,并与有机质密切共生。热液成因重晶石为富含 Ba^{2+} 的热液流体在海底与海水中的硫酸根离子结合直接沉淀形成,往往只发育在海底热液喷口附近,常与硬石膏和多金属硫化物伴生(Koski et al.,1985)。天然气渗漏成因的重晶石是由于在亏损硫酸盐的沉积物中先前沉淀的重晶石溶解后重新活化,与冷泉渗漏流体一起向上渗漏后在近海底附近的 SMTZ 带上部沉淀的重晶石(Greinert et al.,2002;Torres et al.,2002,2003,1996)。这 3 种成因类型重晶石的地质和地球化学特征有很大的差异(冯东和陈多福,2007)(表 3.1)。

表 3.1　不同成因类型重晶石的地质和地球化学特征及实例对比(冯东和陈多福,2007)

成因类型	地质特征	地球化学特征	分布位置
生物成因	发育于大洋表层水具有高生物生产力的海底区域。重晶石的晶形较差,晶体较小,常小于 10^{-3}mm	保持了沉积时海水的锶和硫同位素值	大西洋、太平洋和印度洋(Paytan et al.,1993)
热液成因	发育在海底热液喷口附近,常与硬石膏和多金属硫化物伴生。晶体横切面扁平,玫瑰花形为其典型特征,晶体较大,通常为 20～70μm	强烈亏损锶同位素。硫同位素与同时期海水硫同位素组成相差不超过 2‰	中大西洋脊和东太平洋脊(Paytan et al.,2002)
渗漏成因	多与断裂有关或毗邻陡坡带,重晶石沉积多孔,往往含有独特的大型无脊椎动物群落,如管状蠕虫和蛤等。重晶石晶形较好,有长斜方形、树枝状及放射状等,晶体较大,通常为 0.01～0.03mm	锶同位素值变化较大,但不会特别亏损,通常富集 ^{34}S,且变化范围较大	秘鲁边缘(Aquilina et al.,1997;Paytan et al., 2002)、San Clemente 断裂(Paytan et al., 2002; Torres et al., 2002)、蒙特里峡谷(Naehr,2000)、鄂霍次克海(Greinert et al.,2002)、墨西哥湾(Paytan et al.,2002)

2)重晶石的元素组成和钡循环

深海沉积物中绝大多数钡以铝硅酸盐、铁锰等金属氢氧化物或分散微晶重晶石存在(Gingele and Dahmke,1994)。尽管铝硅酸盐中的钡在海相早期成岩过程中是稳定的,但铁锰等金属氢氧化物和重晶石中的钡在孔隙水中极容易发生变化(冯东和陈多福,2007),尤其是周围水体中硫酸盐含量对重晶石的稳定性有着显著影响。海洋深部水体中重晶石的溶解度非常低(Monnin,1999),使得在沉积柱内孔隙水中大多数钡以重晶石形式沉淀。然而,当孔隙水体亏损硫酸盐时,重晶石的溶解度会大幅度增加,溶解钡的浓度会增加几个数量级(冯东和陈多福,2007)。

在海洋天然气地质系统沉积物中,AOM 反应过程强烈地影响着周围孔隙水或水体中的钡循环。AOM 消耗了硫酸根离子和甲烷,使 SMTZ 之下的沉积柱中硫酸盐亏损。在沉积物埋藏过程中,早期形成的重晶石会随着沉积物埋藏过程不断向下迁移,到达硫酸盐亏损带深度时将发生溶解后产生大量 Ba^{2+}。随沉积物一起向下埋藏的重晶石和含 Ba^{2+} 的沉积流体向上扩散之间构成了一个连续钡循环,在沉积柱剖面的 SMTZ 深度位置形成一个钡含量异常高的带,即"钡锋"(Ba^{2+} front)(Castellimi et al.,2006;Dickens, 2001;Torres et al.,1996)。当富含 Ba^{2+} 沉积流体上涌到含硫酸盐的深度位置时会再次沉淀重晶石。当富含 Ba^{2+} 的沉积流体喷溢或渗漏到海底时，便产生丘状或烟囱状的重晶石沉淀(Greinert et al.，2002；Naehr et al.，2000；Torres et al.，1996)。Torres 等(1996)认为孕育一个“钡锋”至少需要 10^4 年的时间。因此，“钡锋”代表了在过去至少 10^4 年的时间里该区海底一直进行着相对稳定的天然气渗漏活动。如果“钡锋”在现今 SMTZ 以上位置出现，可能是“古钡锋”的存在，它所在的位置代表过去硫酸盐浓度为零的深度，表明了天然气渗漏活动在时间上的动态变化(图 3.29)。

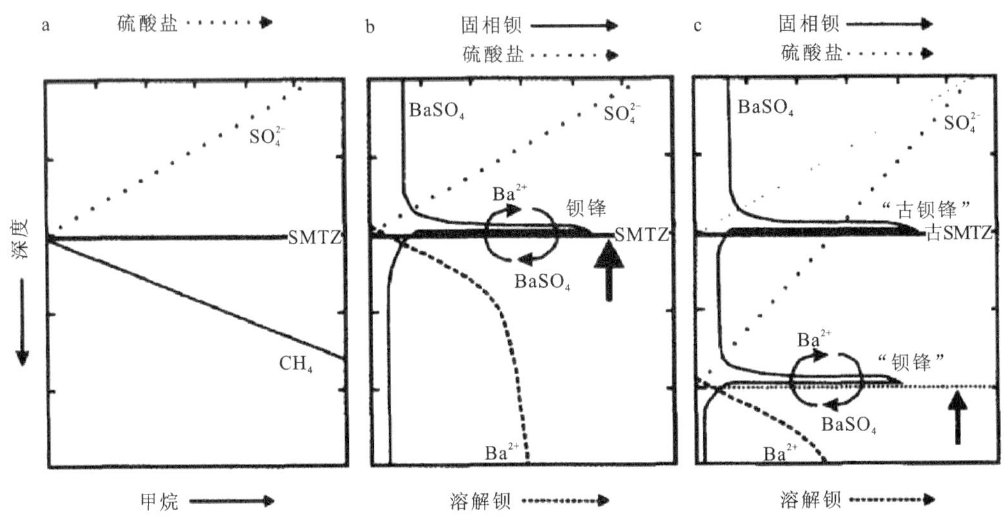

图 3.29 海相沉积物中的钡循环(修改自 Castellini et al.，2006；Dickens，2001)

a. 海水硫酸盐向下扩散与向上渗漏的甲烷在 SMTZ 内化学反应。b. 重晶石在海底沉淀并不断被埋藏加深，当进入亏损硫酸盐带时便溶解为 Ba^{2+}。Ba^{2+} 向上扩散到孔隙水中，随流体上移至含有硫酸盐的区域时再次沉淀为重晶石。当向上扩散 Ba^{2+} 的量超过向下迁移重晶石溶解产生的 Ba^{2+} 时，便在 SMTZ 之上亏损硫酸盐的深度形成一个钡含量异常高的带，即“钡锋”。c. 当甲烷渗漏通量变小，SMTZ 将向下迁移，在原来的“钡锋”(“古钡锋”)之下形成一个新的“钡锋”。图 c 中浅色点线为古硫酸盐浓度线(b 图中的硫酸盐浓度线)。箭头的大小代表了甲烷等天然气渗漏通量的大小。

传统观点认为海洋沉积物中 Ba^{2+} 的富集过程与有机质的埋藏作用和随之发生的生物钡释放过程密切相关(Paytan et al.，2002)。这个观点的成因机理是随着沉积物的不断埋深，有机质降解后释放的 Ba^{2+} 逐渐积累，并随着海水-沉积物之间的流体交换而运移，在沉积物局部微地球化学环境中过饱和沉淀出重晶石矿物(diagenetic barite)。一般情况下，这类重晶石的数量较小，晶形大小通常在 50～100μm 之间。

然而，海底冷泉和热泉活动区可带来大量 Ba^{2+}，可形成规模较大的重晶石烟囱。在海洋天然气水合物赋存海域，海底甲烷异常渗漏过程可带来异常数量的甲烷气体和流体，不仅由此带来了更多的深源 Ba^{2+}，也使得它们在 SMI(sulfate methane interface，硫酸盐与甲烷交换界面)(见图2.1)附近形成 Ba^{2+} 浓度高峰带(Aloisi et al.，2004；Dickens et al.，2001；McQuay et al.，2008；Torres et al.，1996，2002)，由此沉淀出的重晶石矿物数量丰富，晶形特征明显。

3)重晶石的形貌特征

海洋沉积物中重晶石的结晶形态受沉积时的化学和物理环境条件控制，与重晶石的饱和程度密切相关(Shikazono，1994)。同时重晶石的形貌特征也受到冷泉系统流体渗漏速率的控制(Feng and Roberts，2011)。

不管是在开放大洋还是在缺氧盆地，其水体对重晶石均是不饱和的。生物成因重晶石的晶形都比较差，晶体大小主要在 10^{-4}～10^{-3}mm 之间(Paytan et al.，1993)。天然气渗漏成因重晶石主要为弱过饱和溶液中结晶的长斜方形(Greinert et al.，2002)，或为强过饱和溶液中沉淀的呈相同生长中心的树枝状，结晶较好的晶体大小为 0.01～0.3mm(Aquilina et al.，1997；Fu et al.，1994；Torres et al.，1996，2002)。在现代墨西哥湾、秘鲁俯冲带蒙特里海峡、阿拉斯加和鄂霍次克等海底甲烷渗漏环境沉积物中普遍发育重晶石(Aloisi et al.，2004；Greinert et al.，2002；McQuay et al.，2008；Torres et al.，1996，2002，2003)。重晶石的形貌大多呈玫瑰花状和扇形，集合体呈枝状、烟囱柱状和多孔“泉华”状，孔洞内部可见长几厘米的重晶石轮廓边(称为“重晶石花边”)。地史时期古海洋沉积地层中重晶石的晶形较好，大小通常在 0.01～0.15mm 之间(图 3.30a)，形态有玫瑰花形、瘤状、板状等，与现代渗漏成因的重晶石的特征组构相似(图 3.30b)(Greinert et al.，2002；Torres et al.，1996)。这种古生代层状重晶石与现代天然气冷泉渗漏成因的重晶石相似，均具有多孔特征，它们的相对密度均较小(Shikazono，1994)。

图 3.30　与天然气渗漏相关的古代和现代重晶石沉淀(Torrest et al.，2003)

a. 扫描电镜显示的内华达州古生代呈玫瑰花形的重晶石；b. 扫描电镜显示的秘鲁大陆边缘现代天然气渗漏形成的重晶石。

4)研究意义

异常多的重晶石沉淀已经成为识别地质历史时期天然气渗漏的标志之一(Campbell，2006)。如前所述，天然气渗漏通量的变化会使 SMTZ 改变深度(Borowski et al.，1996，1999)，进而改变“钡锋”发育的位置。因此，“钡锋”可用来重建甲烷等天然气渗漏的历史。由于先前的“钡锋”在进入亏损硫酸盐的沉积物中时，可能由于重晶石的快速溶解而消失。因此，通常情况下只有先前的“钡锋”(“古钡锋”)在现在“钡锋”之上的记录才能保存。因此对海相沉积地层中的“钡锋”的研究可以重建天然气渗漏的活动历史。

事实上，地质历史时期与天然气渗漏相关的地层中也发育有大量的重晶石沉淀，最典型的例子是古新世末增温事件(LPTM)中海相地层出现的大量重晶石沉淀，甲烷水合物分解产生的大量溶解钡可与现代冷泉流体中的溶解钡相对比(冯东和陈多福，2007)。由于 Ba^{2+} 在海洋中的停留时间很短(约 8ka),常规的 Ba^{2+} 来源(热液和河流)不足以引起大量的重晶石沉积。因此,对于古新世末增温事件(LPTM)中海相重晶石沉积突然增多,目前的合理解释是由于海底温度升高,海底大量天然气水合物分解释放出大量含 Ba^{2+} 的流体与海水中的硫酸盐反应生成了大量的重晶石(Dickens et al.,1997;冯东和陈多福,2007)。由于甲烷水合物分解释放的流体中富含 Ba^{2+},这些 Ba^{2+} 的加入会使重晶石以孔洞充填物及层状重晶石的形式在天然气渗漏区域附近沉淀(Torres et al.,2003)。

有学者认为美国内华达州、阿肯色州及墨西哥和中国南方发育的大量古生代层状重晶石沉积与冷泉渗漏有关(Torres et al.,2003)。Torres 等(2003)描述了古生代富有机质和燧石沉积地层中发育的厚层状重晶石沉积。由于该套地层中缺少硫化物类矿物,热液成因和生物成因模式不能解释这种层状重晶石的成因,因此根据它的沉积构造、地球化学特征和共生的化能自养生物,他们提出了天然气渗漏成因模型。该类重晶石通常发育在天然气渗漏区域内有机质含量较高的强还原环境中,由富含钡的渗漏流体沉淀形成。此外,在印度西南部、墨西哥东北部及危地马拉和以色列的 K/T 界线附近海相砂岩中含有异常高的钡,但钡-正长石的含量却很低。Ramkumar 等(2005)认为可能是晚白垩世海平面下降导致甲烷等碳氢化合物或水合物失稳释放甲烷气体,使大量自由钡随着冷泉流体进入海水,与硅质碎屑一同沉积形成。

全球广泛分布的新元古代“盖帽”碳酸盐岩中普遍发育重晶石沉淀(Hoffman and Schrag, 2002;Jiang et al.,2003)。在中国华南(Bao et al.,2008;Peng et al.,2011;Zhou et al.,2010)及非洲(Shields et al.,2007)、加拿大(Hoffman and Schrag,2002;James et al.,2001)等地区均有“盖帽”碳酸盐岩中重晶石产出状态、氧和硫同位素组成等报道。Shields 等(2007)认为“盖帽”中重晶石的产出与甲烷渗漏事件有关;Zhou 等(2010)认为“盖帽”中的重晶石是在冰消期地壳均衡反弹之后的海进过程中形成的;Bao 等(2008)认为重晶石的氧同位素指示当时大气圈具有极高的二氧化碳分压。Peng 等(2011,2022)认为“盖帽”时期古海水的 SO_4^{2-} 浓度总体很低,且变化范围较大,这些重晶石是在局部过饱和环境下海底原位结晶而成,这些过饱和的钡离子流体除了源自深层洋流的反转作用之外,也很可能与海底冷泉渗漏作用有关。显然,Peng 等(2011)的后一种解释与现代海底甲烷渗漏环境中重晶石的形成机制完全一致,也与该环境中极低碳稳定同位素的形成过程相配套。

王家生等(2005)在湖北三峡地区出露的“盖帽”碳酸盐岩地层中发现了 2 个呈似层状产出的重晶石夹层,厚度不超过 20cm,微晶石的晶形呈玫瑰花状、枝状、扇形(图 3.31),十分类似于现代海底甲烷渗漏环境下自生重晶石矿物。在向家湾剖面产出的重晶石呈树枝状大面积晶簇(图 3.31a、b),单个晶簇呈扇形(图 3.31c)。在花鸡坡剖面产出的重晶石呈扇状和线团状产出,截断面呈玫瑰花瓣状(图 3.31e),均指示其形成很可能为甲烷渗漏环境(王家生等,2012,2015)。重晶石的硫同位素结果表现为强烈的正值,说明硫同位素经历了强烈分馏。结合与重晶石伴生的碳酸盐岩呈现的极低碳同位素值(最低达 $-48‰$)(Jiang et al.,2003;Wang et al.,2008),认为三峡地区陡山沱组底部重晶石的形成过程与新元古代晚期雪球事件中水合物分解的甲烷释放事件有关。

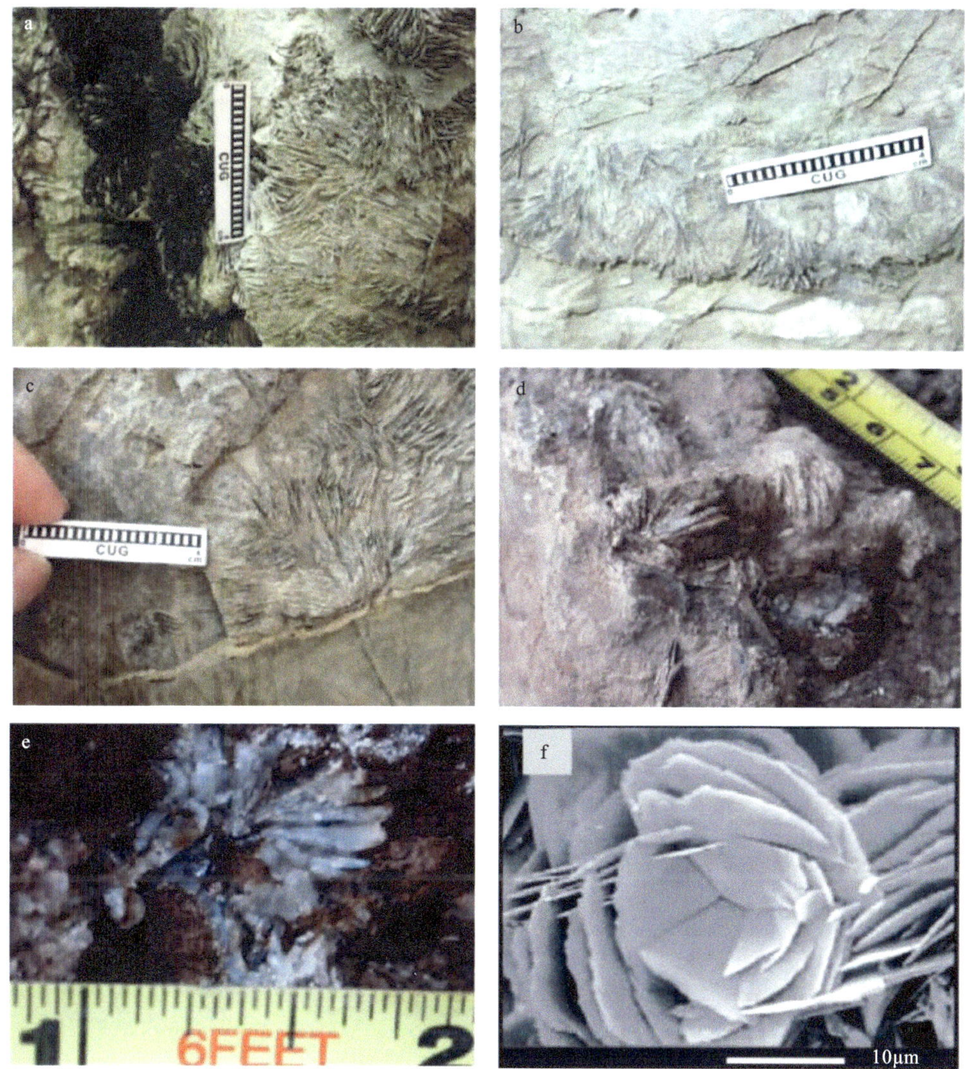

图 3.31　"盖帽"碳酸盐岩露头中发育的重晶石(修改自王家生等,2005,2012,2015)

a、b、c. 扇形、枝状重晶石晶簇集合体(长阳向家湾剖面);d、e. 花瓣状重晶石晶簇(三峡花鸡坡剖面);f. 花瓣状重晶石晶体(秘鲁海沟,现代冷泉口,引自 Torres et al.,2003)。

3.4.2　石　膏

石膏(gypsum)矿物常见有生石膏和硬石膏两种类型。生石膏常呈白色或灰色、红色、褐色,致密块状或纤维状,主要化学成分为二水硫酸钙($CaSO_4 \cdot 2H_2O$),单斜晶系,晶体为板状,玻璃或丝绢光泽,摩氏硬度为 2;硬石膏为无水硫酸钙($CaSO_4$),通常为白色、灰白色,呈致密块状或粒状,斜方晶系,晶体为板状,玻璃光泽,摩氏硬度为 3～3.5。两种矿物具有一组完全解理{010},密度相近,常伴生产出,又在一定地质作用下相互转化。

1)石膏的成因

石膏是典型的蒸发盐类矿物之一,被广泛地发现在具蒸发背景的沉积环境中(如潮坪与潟湖)。在全球海洋沉积记录中,石膏的硫同位素通常被认为代表其形成时期海水硫酸根离子的硫同位素组成,被用来恢复地质历史时期中海水化学的演化。然而,近年来非蒸发成因的石膏逐渐受到关注(冯东和宫尚桂,2019;Blanchet et al.,2012;Liu X et al.,2018;Pirlet et al.,2010),本节将结合海洋非蒸发环境石膏的国内外研究进展和本书作者团队有关海洋非蒸发环境石膏研究的多年成果,总结归纳海洋天然气水合物地质系统中自生石膏的形貌特征、分布规律、元素组成来源及其稳定同位素组成,阐明其成因机制、形成过程及意义。

海洋沉积物中非蒸发成因石膏的成因机制主要包括硫化物的氧化、酸性硫酸盐溶液对含钙质岩石的交代作用和硬石膏(Anhydrite)的水化、下伏蒸发岩的溶解、富硫酸盐卤水的形成、氧化流体渗透导致黄铁矿氧化和随后 pH 降低导致碳酸盐溶解以及低温下火山物质蚀变后 Ca^{2+} 的释放等(Chang et al.,1998;Pirlet et al.,2010)。近 20 年来,石膏被频繁地发现在天然气水合物赋存的海洋沉积物中(陈忠等,2007;王家生等,2003;Kocherla et al.,2013;Lin Q et al.,2016b;Novikova et al.,2015;Pierre,2017;Sassen et al.,2004;Wang J,2004),此类石膏显然不是蒸发环境中形成的,而是沉积过程中的自生矿物。自生石膏出现在富含甲烷的沉积环境中的成因解释大多推测是甲烷通量减少引发黄铁矿氧化作用的结果;也可能是生物扰动加强增加了维持黄铁矿氧化的氧化剂可用性,从而产生硫酸盐和石膏的沉淀。

在现代海洋沉积物中,非蒸发成因的自生石膏均为生石膏($CaSO_4 \cdot 2H_2O$),主要形成于孔隙水钙离子(Ca^{2+})与硫酸根离子(SO_4^{2-})过饱和引发的自发沉淀($Ca^{2+} + SO_4^{2-} + 2H_2O \longleftrightarrow CaSO_4 \cdot 2H_2O$)。然而,在全球海洋不同区域和不同沉积环境下,形成自生石膏的钙离子和硫酸根离子的来源存在着较大的差异。其中,钙离子主要来源于钙质生物壳体的溶解,该过程可能与富含营养物质的冷水上升流(upwelling water)(Siesser and Rogers,1976)、碳酸不饱和的南极底层水(Antarctic bottom water)(Briskin and Schreiber,1978)和与甲烷有关的自生黄铁矿形成(陈忠等,2007)所导致的沉积环境 pH 降低有关。在海洋天然气水合物地质系统中,钙离子可能来源于沉积柱浅表层中天然气水合物形成过程的排盐效应(ion exclusion)导致的孔隙水钙离子发生浓缩(Wang J et al.,2004)。硫酸根离子主要来源于向下扩散的海水硫酸盐(陈忠等,2007;Wang J et al.,2004)或还原性硫(如黄铁矿)的氧化产物(Sassen et al.,2004)。另外,扩散进入锰结核(manganese nodule)之内的钙离子和硫酸根离子也可以发生局部过饱和沉淀形成自生石膏。

2)石膏的形貌及分布特征

海洋天然气水合物地质系统中的自生石膏形态主要为棱柱状石膏和透镜状石膏两种(图 3.32a、b)。前者具有主体性的{010}晶面和平行于此晶面的楔次状结构;后者具有加长的{111}晶面和{110}晶面。放射状石膏也较常见,但组成放射状集合体的石膏微晶的形貌存在差异(图 3.32c~e)。此外,也偶见石膏晶体呈现双晶生长现象(图 3.32f、g)。另外,此类环境中出现部分黄铁矿-石膏共生现象,一些石膏附着在黄铁矿聚集体上(图 3.32h、i),但并未呈现明显的生长序列,无法判定二者在形成时间上的先后顺序。

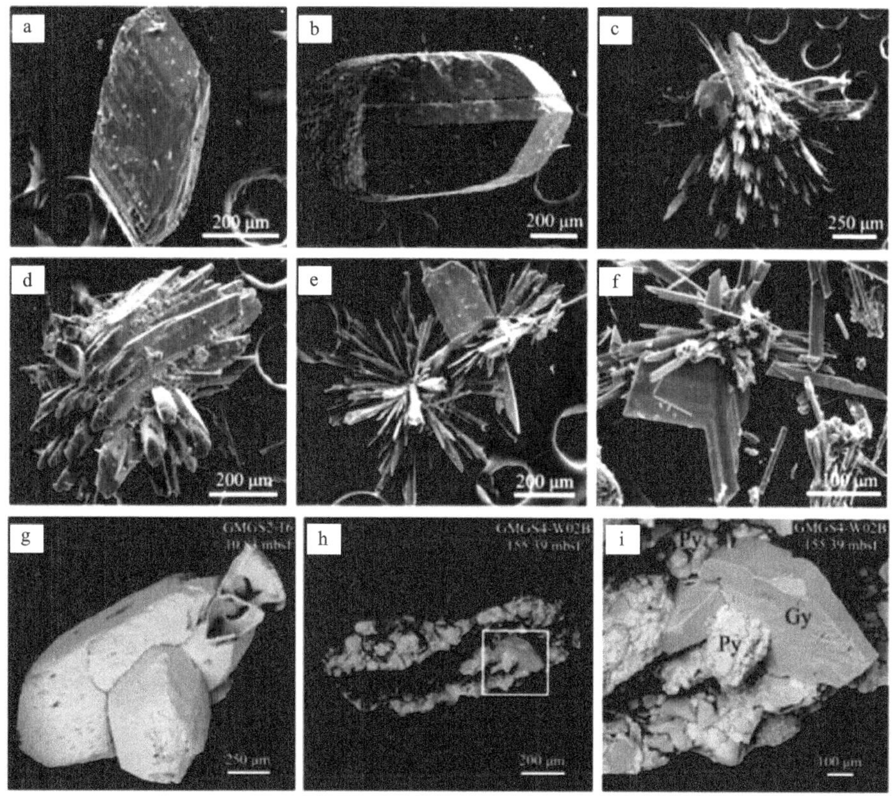

图 3.32　南海北部陆坡天然气水合物地质系统自生石膏扫描电镜照片(林杞,2016;Zhao J et al.,2021)

a. 棱柱状石膏,样品站位 GMGS2 - 08;b. 透镜状石膏,样品站位 GMGS2 - 08;c. 放射状石膏集合体,样品站位 GMGS2 - 08;d. 放射状石膏集合体,样品站位 GMGS2 - 08;e. 放射状石膏集合体,样品站位 GMGS2 - 08;f. 石膏双晶,样品站位 GMGS2 - 08;g. 石膏双晶,样品站位 GMGS2 - 16;h. 石膏晶体与棒状黄铁矿互相穿插,样品站位 GMGS4 - W02B;i. h 中标记区域的放大图像。

海洋天然气水合物地质系统中自生石膏的分布特征与水合物的成藏演化关系密切。本书作者团队研究了南海北部陆坡 GMGS2 - 08、GMGS2 - 16 和 GMGS4 - W02B 共 3 个站位沉积物样品。结果显示在沉积物纵向深度剖面上石膏晶体仅在沉积柱的某几个层位内出现(图 3.33)。在上述 3 个站位沉积物样品中,石膏相对含量变化范围依次为 0.61%～77.61%、0.10%～54.88%和 0.01%～7.04%;平均值分别为 43.02%、30.58%和 1.96%。特别地,在 GMGS4 - W02B 站位岩芯柱沉积物的 99.7～137.0mbsf 深度范围内,黄铁矿和石膏的相对含量显著减少,基本维持在 10%以下,但这两种矿物的绝对含量(粒径>0.065mm)较高。该层位有孔虫丰度的增加与自生矿物相对含量的减少存在对应关系,即大量有孔虫稀释了沉积物的粗组分。可以看出,石膏分布层位均有黄铁矿分布,但黄铁矿分布层位未必产出石膏,二者的相对含量之间并没有特定的分布比例。

3)石膏的元素组成

现代海洋沉积环境中 Ca^{2+} 和 SO_4^{2-} 具有多种可能的来源。海水本身就是最主要的元素来源区,其中的 SO_4^{2-} 平均含量为 28mmol/L,Ca^{2+} 平均含量为 10.55mmol/L(Hoareau et al.,

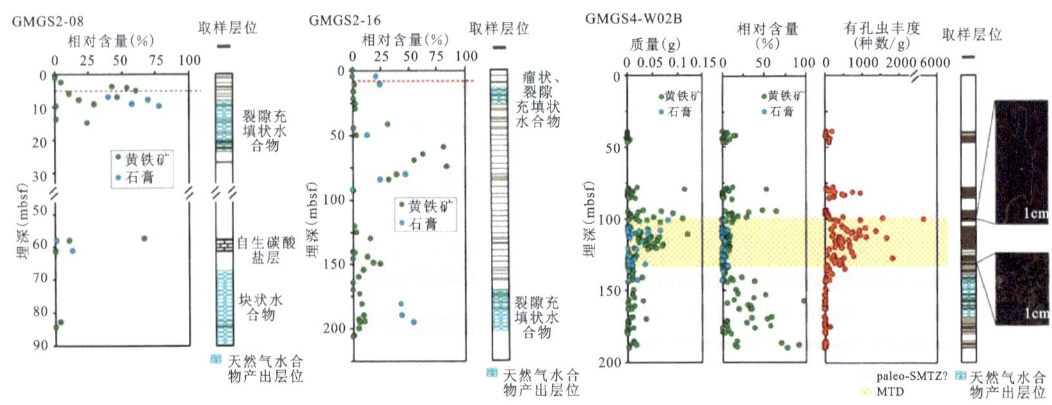

图 3.33　南海北部陆坡天然气水合物地质系统自生石膏相对含量分布图(以 GMGS2－08、GMGS2－16 和 GMGS4－W02B 站位为例)(修改自 Zhao J et al.,2021)

2011)。尽管现代海水相对于石膏是不饱和的,但是沉积物早期成岩过程可以导致沉积孔隙流体中上述两种离子含量的增加,并局部达到过饱和状态。

沉积环境中硫化物的氧化也是比较常见的可以造成孔隙水 SO_4^{2-} 含量增加的过程。但在海洋沉积物中,特别是大陆边缘高生产力的海域,氧气的运移是高度受限的(Jørgensen and Kasten,2006),在这种情况下硫化物的氧化通常与生物扰动、底流活动或地震作用有关(Pirlet et al.,2010)。然而,大多数情况下海洋沉积柱通常处于厌氧环境,硫化物的厌氧氧化(Schippers and Jørgensen,2001)和单质硫等中间产物的歧化反应(Canfield and Thamdrup,1994; Thamdrup et al.,1993)是影响孔隙水中的 SO_4^{2-} 含量(Blanchet et al.,2012;Jørgensen and Kasten,2006;Pirlet et al.,2010)的主要途径。

孔隙水中 Ca^{2+} 含量的增加也可以促进石膏的沉淀。海洋沉积过程实验室模拟试验表明,钙质生物壳体的溶解在石膏的形成过程中可以扮演重要的角色(Schnitker et al.,1980)。Wang J 等(2004)的研究表明,在东北太平洋 Cascadia 大陆边缘 Hydrate Ridge 海区沉积物样品中存在石膏的富集,此类自生石膏的形成与天然气水合物形成过程中的排离子效应(Suess et al.,1999;Ussler and Paull,1995)密切相关。此外,在含有蒸发盐沉积的海洋沉积物中,蒸发盐类矿物的溶解和高盐流体的上涌也可以提供额外的 Ca^{2+} 和 SO_4^{2-} 来源,进而促进石膏的沉淀(Haffert et al.,2013;Huguen et al.,2009)。Hoareau 等(2011)对大量 ODP/IODP 站位孔隙水地球化学数据的系统分析后提出了两种主要的石膏沉淀机制:一是蒸发盐类矿物或高盐流体的存在导致孔隙水盐度增加;二是沉积物中火山物质(如火山灰)的蚀变导致 Ca^{2+} 含量增加。

4)石膏的硫和氧稳定同位素组成

石膏的硫和氧稳定同位素组成特征是计算石膏沉淀时孔隙水硫酸盐组成和重建石膏形成机制的有效工具(Pierre,2017)。在开放系统且同位素平衡分馏条件下,孔隙水中硫酸盐(SO_4^{2-})与沉淀的石膏之间的同位素分馏为:$\Delta^{34}S_{gypsum-SO_4}=+1.7‰$,$\Delta^{18}O_{gypsum-SO_4}=+3.5‰$(Thode and Monster,1965);而在封闭系统或同位素分馏不平衡的条件下(如石膏晶体的快速沉淀),上述同位素分馏会降低(Pirlet et al.,2010)。当石膏晶体的硫、氧同位素组成明显有异于正常海相蒸发成因石膏的同位素组成时（$\delta^{34}S$＝＋22.7‰，CDT，$\delta^{18}O$＝＋12.0‰），则可以推测存在除海水硫酸盐之外的其他硫酸根离子参与了自生石膏的形成。

不同于其他硫酸盐矿物（如从残余海水硫酸盐中直接沉淀的重晶石），非蒸发成因自生石膏的沉淀受到了两个硫酸盐库的综合影响，即黄铁矿氧化产生的硫酸盐和残余海水硫酸盐。为了更好了解海洋富甲烷环境中自生石膏的形成机制，本书作者团队收集了已发表的海洋沉积物中自生石膏硫、氧同位素数据，估算了这些石膏沉淀时沉积物孔隙水内硫酸盐的硫、氧同位素值（图 3.34），可以将海洋沉积物中自生石膏的产出环境初步分为 3 类：①水合物富集环境下存在甲烷游离气泡且有强烈的甲烷渗漏事件；②甲烷扩散环境中无水合物富集，但沉积物中存在通量不高的甲烷流体；③正常浅海环境。

如图 3.34 所示，不同海洋沉积环境中自生石膏沉淀时的孔隙水硫酸盐具有不同的硫、氧稳定同位素组成，但均与海水硫酸盐的稳定同位素组成差别甚大。对比可以发现，在海洋天然气水合物富集环境中自生石膏沉淀时的孔隙水硫酸盐总体上具更高的 $\delta^{34}S$ 值和更低的 $\delta^{18}O$ 值。若黄铁矿氧化产生的 SO_4^{2-} 为石膏沉淀的主要硫源，那么孔隙水硫酸盐较高的 $\delta^{34}S$ 值与甲烷渗漏引起的 AOM 作用强化有关。加强的 AOM 作用促进了富 ^{34}S 黄铁矿的形成，而富 ^{34}S 黄铁矿的氧化产生了具较高 $\delta^{34}S$ 值的 SO_4^{2-}。孔隙水硫酸盐较低的 $\delta^{18}O$ 值则与水合物形成时对孔隙水的改造作用有关，即参与黄铁矿氧化过程的水分子亏损 ^{18}O。在 GMGS4－W02B 站位，海水硫酸盐对石膏沉淀的贡献（86％～98％）远大于黄铁矿氧化。因此，GMGS4－W02B 站

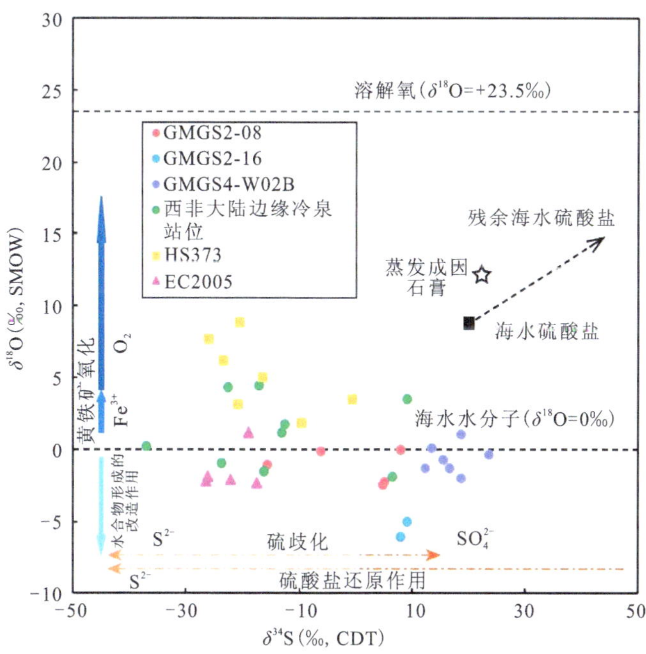

图 3.34　海洋沉积物中石膏沉淀时孔隙水硫酸盐的硫、氧同位素组成图（修改自 Zhao J et al.，2021）

注：自生石膏形成于 3 种环境：①水合物富集环境（圆点）；②甲烷扩散环境（正方形）；③正常浅海环境（三角形）。黑色虚线指示在封闭体系中，硫酸盐还原作用影响下孔隙水硫酸盐的硫、氧同位素变化趋势（Antler et al.，2015；Brunner et al.，2005）。示意图左侧垂直箭头指示黄铁矿氧化过程中氧化剂种类和水合物形成对产物 SO_4^{2-} 氧同位素组成的影响。示意图底部的水平箭头指示不同硫循环过程造成的硫同位素分馏程度。

位沉积物内出现的自生石膏可能有不同于其他两个研究站位自生石膏的成因。此外，产出于西非大陆边缘水合物站位的自生石膏比南海北部3个研究站位具有更大的$\delta^{34}S$值变化范围（大多$\delta^{34}S$值低于$-10‰$），以及较高的$\delta^{18}O$值，这可能与活跃的底栖生物活动有关（Pierre，2017）。生物扰动使沉积物孔隙水与上覆海水的连通性更好，化学物质交换更加高效，在海水硫酸盐补充较为及时的情况下，加强的AOM作用也很难促进富^{34}S残余海水硫酸盐库的形成。另外，活跃的生物活动带来了更多的溶解氧，促进了黄铁矿的有氧氧化，从而导致自生石膏的$\delta^{18}O$值较高。在甲烷扩散和正常浅海环境中，石膏沉淀时的孔隙水硫酸盐具更低的$\delta^{34}S$值，这是因为更多OSR成因的黄铁矿被氧化，促进了自生石膏的沉淀。正常浅海环境（EC2005钻孔）石膏沉淀时孔隙水硫酸盐的氧同位素组成低于2‰（Liu X et al.，2018），这仅用黄铁矿氧化导致的氧同位素分馏作用是无法解释的，且该环境中不存在水合物形成过程对孔隙水地球化学特征的改造，初步推测该现象可能是大量亏损^{18}O的淡水注入所致。

5）海洋非蒸发成因的石膏形成过程及意义

海洋沉积物中非蒸发成因的自生石膏形成通常与蒸发盐矿的溶解、火山物质低温蚀变或氧化性流体输入有关。近年来，在水合物赋存沉积物中，自生石膏被频繁报道，认为在水合物富集环境中沉积柱内自生石膏晶体基本产出在（古）SMTZ附近，石膏的SO_4^{2-}由黄铁矿氧化和残余海水硫酸盐共同贡献（Lin Q et al.，2016）（图3.35）。

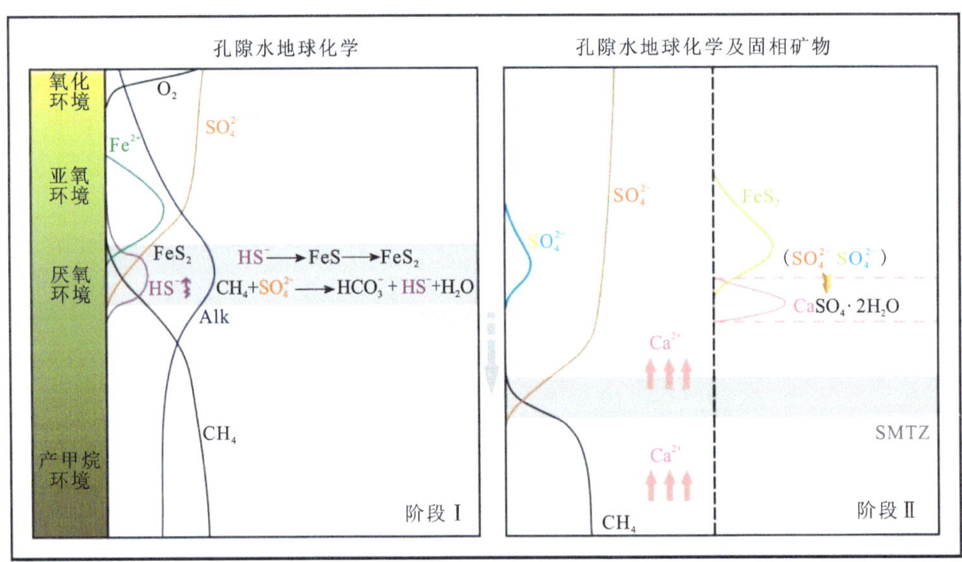

图3.35　海洋天然气水合物地质系统沉积物中自生石膏矿物的形成过程示意图（修改自Lin Q et al.，2016）

注：沉积环境和孔隙水地球化学分带。阶段Ⅰ，水合物藏失稳阶段富含甲烷等烃类流体的上涌促进了SMTZ内自生黄铁矿和碳酸盐岩的富集，但孔隙水中SO_4^{2-}被大量消耗故而难以形成石膏沉淀。阶段Ⅱ，深部天然气水合物转入稳定形成阶段，其排离子效益导致孔隙水中盐度的增加和Ca^{2+}浓度的增加；上涌甲烷通量的减少导致SMTZ位置也随之向深部迁移，这也使得原来SMTZ位置的孔隙水中SO_4^{2-}浓度开始提升，当向上排出的Ca^{2+}到达SO_4^{2-}浓度增加的位置时形成过饱和，并最终沉淀为石膏。Alk（alkalinity）代表孔隙流体的碱度。

海洋天然气水合物地质系统沉积物中自生石膏的沉淀与天然气水合物藏的演化过程所导致的甲烷流体通量变化有关，当水合物由分解释放转入稳定阶段时，沉积物中上涌的甲烷流体通量逐渐降低，SMTZ逐渐向深部迁移，使得原先SMTZ位置深度沉积柱内孔隙水中硫酸盐浓度开始上升，且沉积环境由厌氧逐渐向亚氧化状态转变，导致了部分自生黄铁矿的氧化；同时，黄铁矿氧化过程引起了孔隙水的酸化，引发了钙质生物壳的溶解，孔隙水中Ca^{2+}浓度也相应提高。另外，更深层位的水合物形成过程中排离子效应也会使得孔隙水中Ca^{2+}含量增加。所以，当孔隙水中SO_4^{2-}和Ca^{2+}浓度的共同提高后可能直接促进了自生石膏的过饱和沉淀，并使自生石膏主要聚集在原先的SMTZ深度位置附近，即在古SMTZ附近富集（图3.35）。

然而，在神狐海域的GMGS4－W02B站位，岩芯沉积物中的自生石膏并未在古SMTZ位置处富集，而是聚集在两个古SMTZ之间，似乎暗示上述自生石膏成因模型不再适用。在该站位沉积柱的石膏富集层位（100～135mbsf）内，黄铁矿和石膏的相对含量显著减少，而有孔虫丰度异常增加，指示该沉积层位可能记录了海底快速沉积事件。通过观察沉积物样品的光学照片可以发现，在约101mbsf和125mbsf深度位置，沉积物表面分布有大量白色有孔虫壳体，肉眼见到明显的有孔虫聚集斑点。除此之外，在约130mbsf处，岩芯沉积物显示快速堆积的特征，直接指示了重力流的存在。因此，认为快速沉积事件（如重力流）也可能影响海洋沉积柱中自生石膏形成（Zhao J et al.，2021）。

此外，海洋沉积事件控制自生石膏形成的过程（图3.36）如下：

（1）t_0时期，天然气水合物分解导致大量甲烷流体上涌至SMTZ，促使甲烷厌氧氧化（AOM）作用加强并将SMTZ位置推至沉积柱浅部位置。加强的AOM作用不仅促进了自生黄铁矿在SMTZ内的沉淀富集，也致使黄铁矿的$\delta^{34}S$值升高。在此阶段中，沉积物孔隙水中SO_4^{2-}被AOM作用大量消耗后处于亏损状态，SO_4^{2-}浓度在深度剖面上可能呈线性变化（Borowski et al.，1996；Niewöhner et al.，1998）。此时期，石膏无法通过过饱和方式沉淀。

（2）t_1时期，重力流的突然发生将SMTZ及$\delta^{34}S$值较高的黄铁矿埋藏至深部，并同时带来了额外的海水硫酸盐。由于重力流沉积较为快速，微生物调控的硫酸盐还原反应来不及消耗重力流携带的海水中的SO_4^{2-}，所以在重力流沉积层位保留有较多的SO_4^{2-}，且该层位孔隙水硫酸盐的硫同位素组成与海水硫酸盐组成相近。重力流沉积还会导致压力的增加，有助于天然气水合物的稳定与形成，进而导致上涌流体中甲烷通量减小。与此同时，在甲烷形成过程中富^{18}O的水分子优先进入水合物结构，导致水合物附近孔隙流体内水分子的$\delta^{18}O$值降低；水合物形成过程中的排离子效应则会导致孔隙水中Ca^{2+}浓度增加。

（3）t_2～t_3时期，除上覆海水以外，重力流还可能带来沉积物浅部OSR成因的黄铁矿以及未完全矿化的有机质。当沉积过程逐渐稳定，这些有机质会在微生物的作用下与孔隙水中的SO_4^{2-}发生氧化还原反应（即OSR反应），促进亏损^{34}S的黄铁矿的形成，这些原位形成的黄铁矿会与外来的黄铁矿混合。此时，上涌流体中通量较低的甲烷也会开始消耗孔隙水中的SO_4^{2-}，但孔隙水中SO_4^{2-}浓度仍较高，孔隙水硫酸盐浓度曲线可能呈“S”形（Hensen et al.，2003；Hong et al.，2014）。

（4）t_4时期，沉积物中部分黄铁矿被一些溶解氧和/或金属（氢）氧化物等氧化，导致孔隙水

中 SO_4^{2-} 含量增多，同时引起孔隙水酸化，导致钙质生物壳体溶解，并提升了孔隙水中的 Ca^{2+} 浓度。最终，石膏晶体过饱和沉淀。由于参与石膏沉淀的 SO_4^{2-} 大多来自残余海水硫酸盐，所以石膏的硫同位素值更接近残余海水硫酸盐的硫同位素值。

(5) t_5 时期，当再一次强烈甲烷渗漏事件发生时，新的 SMTZ 被推至沉积柱的浅部(原石膏分布层位之上)，而 SMTZ 内加强的 AOM 作用则促进了富 ^{34}S 黄铁矿的形成，导致在石膏富集层之上又出现了 $\delta^{34}S$ 值正偏的黄铁矿富集层。

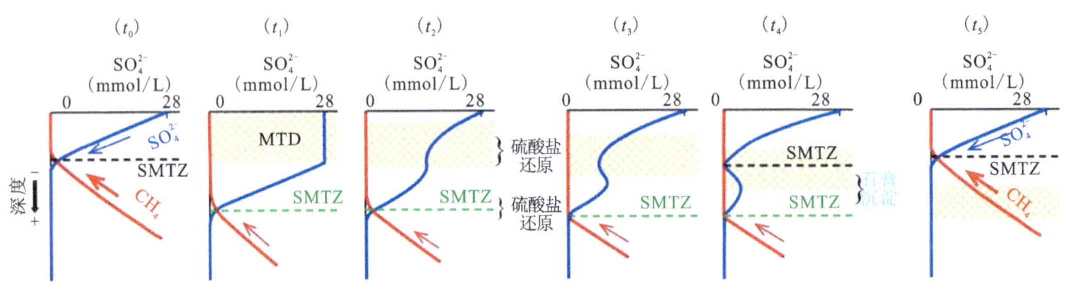

图 3.36 与海洋重力流沉积相关的石膏形成模型(修改自 Hong et al. 2014；Zhao et al.，2021)

注：(t_0)大量上涌的甲烷流体增强了 SMTZ 内的 AOM 作用，将 SMTZ 推至浅部，并促进富 ^{34}S 黄铁矿在 SMTZ 内的富集。(t_1)重力流沉积发生，将 SMTZ 及该地球化学分带内的黄铁矿埋藏至沉积柱深部，并带来较多的海水硫酸盐。(t_2～t_3)OSR 作用与 AOM 作用共同消耗沉积物孔隙水中的 SO_4^{2-}，但孔隙水中的残余海水硫酸盐仍较高。(t_4)黄铁矿氧化产生额外的 SO_4^{2-}，同时导致孔隙水酸化，促进钙质生物壳体和碳酸盐类矿物的溶解，提升孔隙水中 Ca^{2+} 含量；甲烷水合物稳定形成过程中的排离子效应也能提供 Ca^{2+}，自生石膏晶体过饱和沉淀。(t_5)甲烷渗漏活动再次发生。

综上所述，基于海洋沉积物中的“钡锋(Ba front)”研究，认为海洋沉积环境中重晶石的富集可以记录 SMTZ 的位置。之后的研究进一步证实，海洋沉积物或海相地层中不同深度或位置的重晶石富集可能记录了不同的 SMTZ 位置，指示了地质历史古海洋演化过程中深部释放甲烷通量上的变化(Dickens，2001；Riedinger et al.，2006)，具有指示 SMTZ 演化历史的重要科学意义。

3.5 其他类型的自生矿物

海洋天然气水合物地质系统沉积物中还发育其他一些自生矿物，常见有蓝铁矿(Liu J et al.，2018)、单质铝和石墨碳等，它们的形成过程大多与甲烷流体的活动有关。

3.5.1 蓝铁矿

蓝铁矿(vivianite，$Fe_3(PO_4)_2 \cdot 8H_2O$)的成因与铁驱动 AOM 作用息息相关。蓝铁矿硬度 1.5～2.0，相对密度约 2.7；条痕是白色或蓝绿色，晶体可切开亦可弯曲。若是新鲜的完全没有经过蚀变或是氧化的蓝铁矿应该是无色的，但随着氧化程度增加使得矿物逐渐变成蓝色甚至黑色。蓝铁矿晶体属单斜晶系，晶体呈柱状或扁平状，集合体为肾状、球状或结核状，具有玻璃光泽、一组优良解理和纤维状断口。

Liu J 等(2018)在研究中国南海北部陆坡东北海区的 973－4 站位沉积物岩芯样品时发现了自生蓝铁矿。体视镜观察显示,岩芯沉积柱的 SMTZ 之下频繁出现不透明蓝色到黑色晶体(图 3.37a),扫描电镜显示该矿物形态为放射板状、条状和针状的球形矿物集合体(图 3.37b～e)。能谱数据显示该矿物的元素锋主要为 O、Fe 和 P(图 3.37f),其含量分别占整个矿物集合体质量的 38%、28%和 19%(n=12)。这样的质量比和所计算出来的 Fe/P 摩尔比(0.83),与前人所报道的蓝铁矿比值几乎相同,表明该矿物集合体可能是蓝铁矿。

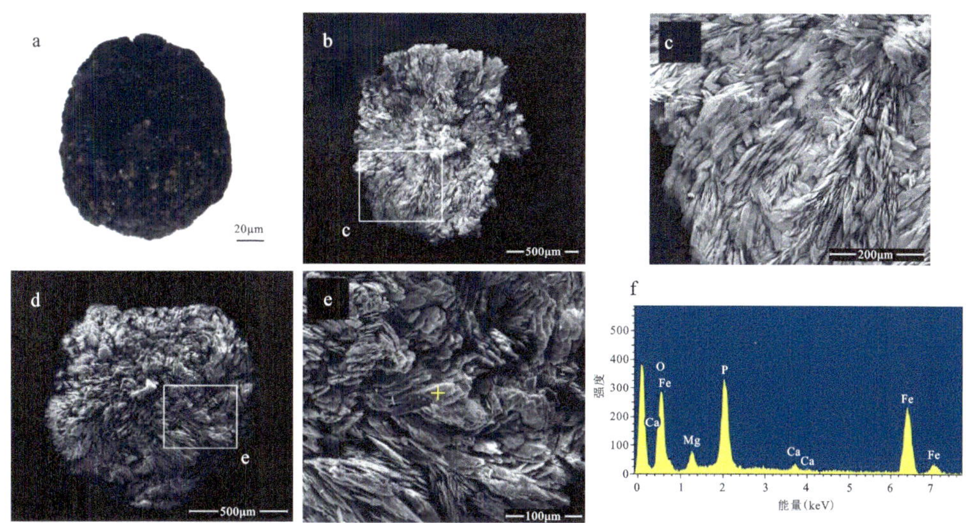

图 3.37　南海北部陆坡 973－4 站位沉积物中蓝铁矿显微形貌和元素组成(Liu J et al.,2018)

a.体视镜下蓝铁矿照片;b～e.蓝铁矿扫描电镜照片;f.图 e 黄色点位能谱。

南海 973－4 站位的 SMTZ 位置处于 600～900cm 之间。通过体视镜观察,发现该站位蓝铁矿出现在 920cm 之下。同时,定量研究后发现蓝铁矿的含量在 SMTZ 之下出现了显著增加的现象(图 3.38)。

自生蓝铁矿的沉积需要孔隙水中含有丰富的 Fe^{2+} 和 PO_4^{2-}。低硫酸盐浓度的湖泊沉积环境通常满足这一标准,因此蓝铁矿经常出现在淡水沉积物中(Fagel et al.,2005;Rothe et al.,2014;Sapota et al.,2006)。在现今富含硫酸盐的海洋环境中,海洋天然气水合物地质系统沉积柱中 SMTZ 的出现及其对孔隙水硫酸根的消耗,使自生蓝铁矿达到了局部沉积条件。海洋沉积物中磷的赋存形式往往以有机磷形式保存在有机体中,或被吸附在氢氧化铁/氧化铁中,通过有机质矿化和铁氧化物的还原,PO_4^{2-} 会被释放到沉积物孔隙水中(Jensen et al.,1995;Ruttenberg and Berner,1993)。海洋天然气水合物地质系统沉积柱中 SMTZ 内消耗了硫酸盐并产生了大量硫化氢,会使活性铁转化成黄铁矿,同时释放了所吸附的 PO_4^{2-},提高了孔隙水中 PO_4^{2-} 浓度。

SMTZ 之下蓝铁矿的沉积同时需要深部沉积物中含有大量的 Fe^{2+}。研究和实验表明,甲烷厌氧氧化也可由铁氧化物的还原所驱动(Beal et al.,2009;Egger et al.,2017;Sivan et al.,2011),从而为蓝铁矿的沉积提供 Fe^{2+}。973－4 站位在 SMTZ 之下发现的大量含铁硅酸盐可

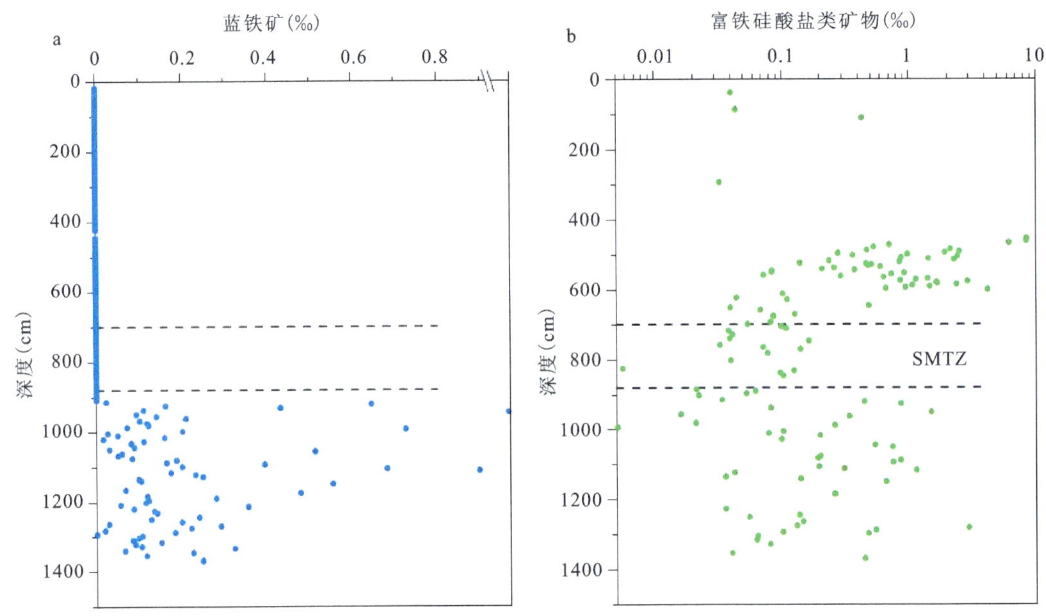

图 3.38 南海北部陆坡 973-4 站位沉积物中蓝铁矿含量及富铁硅酸盐随深度变化(Liu J et al.,2018)

以为铁驱动 AOM 提供条件。由于该反应式的铁和甲烷配平系数为 8∶1,铁驱动 AOM 将产生大量的 Fe^{2+}。

综上所述,海洋天然气水合物地质系统沉积物中 SMTZ 内主导的硫酸盐还原驱动的 AOM 作用产生了大量硫化氢与黄铁矿。与此同时,SMTZ 之下的铁驱动的甲烷厌氧氧化作用也会产生大量 Fe^{2+} 和释放出大量吸附在铁氧化物中的 PO_4^{2-},进而可能导致蓝铁矿的形成。在 973-4 站位,蓝铁矿出现在 SMTZ 之下。但当氧浓度降低,达到铁化水体(缺氧并富集 Fe^{2+}),PO_4^{2-} 将会吸附在铁氧化物上或直接沉积蓝铁矿(März et al.,2018),从而降低海洋中的磷循环。在铁氧化物或蓝铁矿沉淀下来稳定之后,如果仍处于低硫酸盐浓度状态下,海洋中的磷循环将被长期降低,进而影响到初级生产力。若海洋中仍有可用的硫酸盐,铁氧化物将被还原并释放掉所吸附的 PO_4^{2-},进而可提高海洋的初级生产力。由此可见,蓝铁矿的沉积对海洋磷循环影响相当大。

值得一提的是,在现代海洋中,硫酸盐驱动的 AOM 作用被认为是主要消耗甲烷的方式,即甲烷在 SMTZ 内被消耗殆尽,进而阻止甲烷这一强烈温室气体被直接释放到大气中去。然而,在地质历史时期大氧化事件(GOE)之前,海洋硫酸盐浓度极低,硫酸盐驱动的 AOM 可能并不是像现在海洋那样作为主要消耗海底甲烷的途径。在这样的背景之下,铁驱动的 AOM 作用可能扮演了用于阻止早期海洋中海底甲烷释放到大气的主要角色,条带状铁建造(banded iron formation,BIF)可能正是这个主角。

3.5.2 单质铝

陈忠等(2007,2010)在南海天然气水合物赋存海域的沉积物中发现了单质铝。通过对南海北部陆坡的台西南、东沙群岛西南、中建南盆地、万安盆地和南沙海槽的沉积物表层样和柱状样的碎屑颗粒研究，在 5 个表层样和 2 个柱状样中发现了自然铝颗粒(Chen Z et al.，2011；陈忠等，2010)。自然铝颗粒为灰白色至银灰色，强金属光泽和延展性，不规则片状、长条状和球状(图 3.39)。认为南海自然铝矿物的发育背景与海底冷泉环境密切相关，由于冷泉背景沉积物中富含 H_2S 和 CH_4 等强还原剂，在微生物的活动和生化酶的作用下沉积物中氧化态 Al^{3+} 被 H_2 等还原成金属态的单质铝。

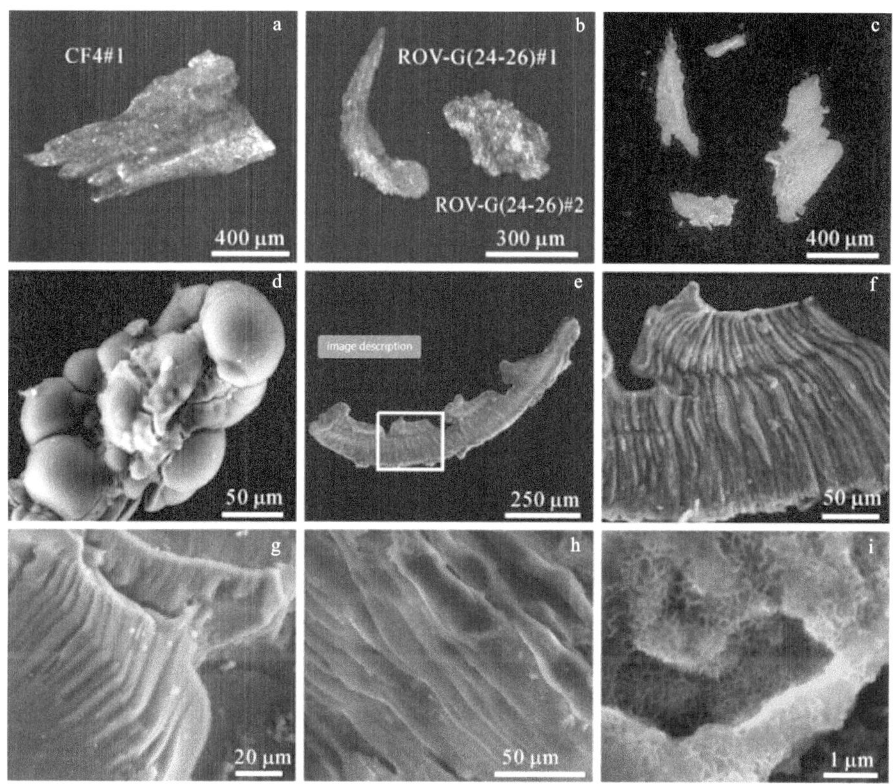

图 3.39　南海水合物赋存海域沉积物中单质铝的形貌和微结构(陈忠等，2010)

a、b. 光学显微镜下的自然铝形态，其中 a 为不规则片块状(CF4＃1，表示 CF4 站位中＃1 颗粒，下同)，b 为长条状[ROV－G(24～26)＃1 表示 ROV－G 站 24～26 cm 层位＃1 颗粒，下同]或不规则状[ROV－G(24－26)＃2]；c～i. SEM 观察图片，其中 c 为南沙海槽的片状自然铝，d 为葡萄状自然铝(CF4＃3)，e 为台西南海域长条状自然铝(CF4＃2)，局部放大情况见 f、g 为阶梯状微结构(NS02－12＃2)，h 为卷曲的页片状微结构[ROV－G(24－26)＃1]，i 为石化菌丝结构(NS99－38＃2)。

3.5.3　石墨碳

张美等(2011)在南海北部陆坡水合物赋存海域沉积物中黄铁矿内报道了纳米级石墨碳的存在。利用扫描电镜和透射电镜，发现在台西南盆地沉积物中自生管状黄铁矿内存在纳米级碳管和碳锥，结晶程度较低(图 3.40)，认为其形成过程与黄铁矿催化下甲烷的分解作用有关，即甲烷被分解为单质碳和 4 个氢离子：$CH_4 \longrightarrow C + e^- (Py) + H^+$(前述式 3.9)。同时，该化学反应也降低黄铁矿周围水体的 pH(Xu，2010)，进而可能促进了后续白铁矿的形成和草莓状黄铁矿周围次生加大边的形成。

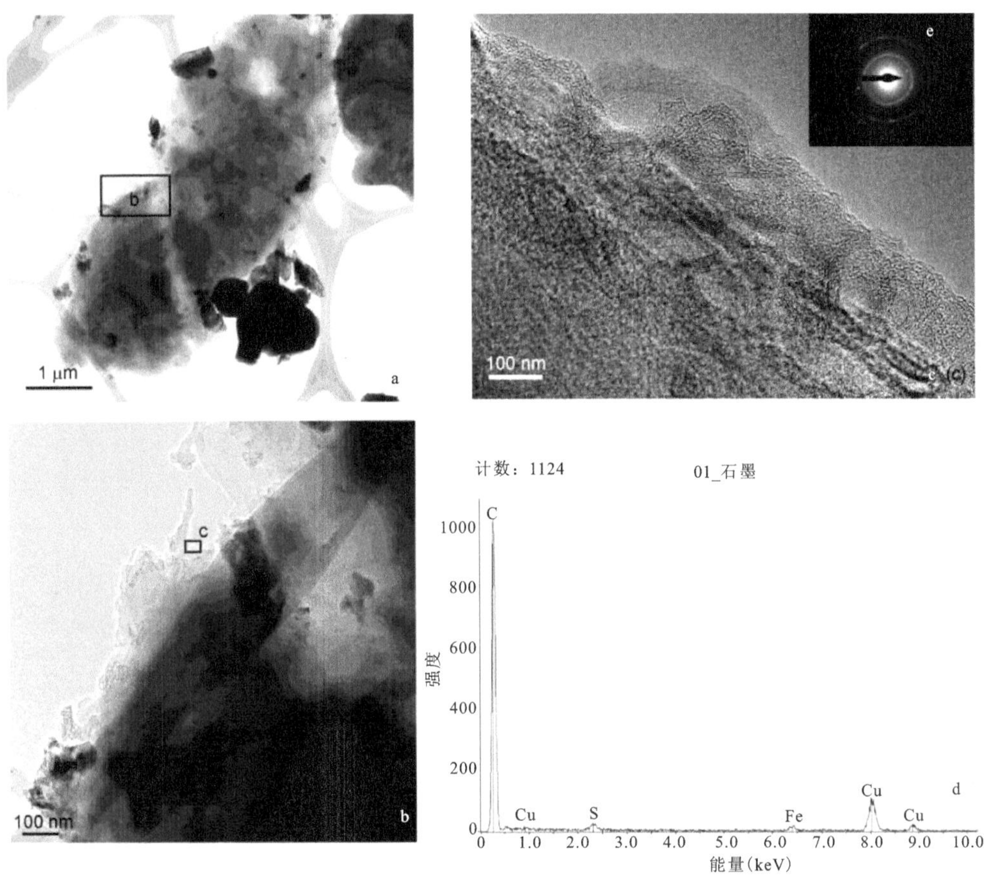

图 3.40　台西南盆地管状黄铁矿中纳米级石墨碳的透射电镜照片(a、b、c)及选区能谱图(d)和电子衍射花样(e)(修改自张美等,2011)

第 4 章　古海洋意义

SMTZ 是海洋浅表层沉积物内最重要的地球化学分带之一，尤其在海洋天然气水合物赋存海域，SMTZ 带内发生的生物地球化学反应不仅对孔隙水地球化学组成（如 H_2S 浓度、pH 和碱度等）产生了重要影响，也促使了多种自生矿物（如方解石、黄铁矿和重晶石等）的沉淀。反过来讲，海洋沉积物中自生矿物的发育特征也可用以示踪 SMTZ 的相对位置、变化特征及其与下伏水合物的成藏演化关系。

硫酸盐还原驱动的 AOM 成因自生碳酸盐类矿物继承了甲烷的极负碳稳定同位素特征，因此极低碳稳定同位素组成常被视作现代海洋或地史古海洋中增强的 AOM 作用和 SMTZ 位置变化的最特征性地化指标（Bohrmann et al.，1998；Jiang et al.，2003；Peckmann et al.，2001； Wang et al.，2008；Zan et al.，2022）。与此同时，硫循环对 AOM 过程和 SMTZ 位置变化也有特征性响应，越来越多的研究表明富集 ^{34}S 的黄铁矿大量产出可以指示增强的 AOM 作用和 SMTZ 的发育位置（Borowski et al.，2013；Jørgensen et al.，2004；Lin Q et al.，2016c；Peketi et al.，2012）。此外，海洋沉积柱中重晶石的富集和沉积物强磁性异常也能够记录 SMTZ 的发育特征（Dickens，2001；Garming et al.，2005；Novosel et al.，2005；Riedinger et al.，2006；Torres et al.，1996）。

由此可见在海洋浅表层沉积过程中，尤其在海洋天然气水合物地质系统背景下，海洋沉积物或海相地层中自生矿物的发育特征会深刻影响沉积物或海相地层的地质-地球化学特征。显然，通过研究海洋沉积物和海相地层中自生矿物的发育特征（如自生矿物的类型、形貌、分布、碳-氧-硫稳定同位素组成等），可以很好地示踪海洋沉积物中甲烷厌氧氧化作用的强度和 SMTZ 的变化特征，对于进一步探索海洋碳循环过程、海洋化学组成、海洋沉积环境变迁和气候效应等具有重要的现代和古海洋意义。本节中作者试图将一些个人思考和研究案例呈现出来，供国内外同行批评指正。

4.1　自生矿物发育特征对全岩地球化学组分的影响

长久以来，人们利用海洋沉积物和海相地层的全岩地球化学组成建立了不同时间尺度的全球海洋化学组成及海底氧化还原沉积环境等变化趋势，并以此为据探讨海洋与气候、生态和成矿作用之间协同演化关系。显然，现代海洋天然气水合物地质系统背景中沉积物内自生矿物的研究成果，为重新评价海相沉积物或地层的全岩地球化学组成及其所指示的古海洋意义提供了新的视角。众所周知，海洋沉积物的早期成岩过程经历了沉积、埋藏和成岩压缩改造过程，与碎屑颗粒一起埋藏的沉积有机质也经历了沉积、埋藏、降解和烃类气体释放等过程。与此同时，底层海水与沉积流体之间的交换过程伴随有复杂的生物地球化学反应(见图 1.4),并形成了一套特征性的自生矿物,可能深刻改变沉积物的元素和同位素地球化学组成。

例如,具有极低碳稳定同位素组成的 AOM 成因自生碳酸盐类矿物的发育,可以改变全岩沉积物或海相地层的碳-氧稳定同位素组成;充填在有孔虫腔室和微孔中 AOM 成因自生碳酸盐类矿物可以极大地影响有孔虫壳体的碳-氧稳定同位素组成及其对原始海水化学组成的解释。再如,长久以来人们利用全岩海相地层或海洋沉积物样品的元素和同位素地球化学组成探讨全球海洋、底层海水的化学组成和氧化还原沉积环境,然而这种逻辑思路忽视了沉积物早期成岩过程对沉积物或地层的岩性改造。即便是利用一些特殊载体(如某些自生矿物、某些有孔虫种属等),它们的元素和同位素地球化学组成可能也只是反映了沉积过程中孔隙流体的特征,而非底层海水,更不是全球海水的化学组成或氧化还原沉积环境。

因此,前人基于全岩海相地层或沉积物的地球化学组成所推测的海洋化学和沉积环境重建结论需要谨慎对待。海洋沉积物的早期成岩过程及其自生矿物发育特征等研究有待进一步加强。

4.2 自生碳酸盐岩对海洋有孔虫壳体地球化学组成的影响

海洋有孔虫是一种单细胞真核生物,广泛生活在海水和表层沉积物中,其碳酸钙质壳体是探索古海洋环境和古气候的重要研究载体(Gupta,2003)。例如,LR04 堆利用全球海洋沉积物中底栖有孔虫壳体的氧稳定同位素组成,建立起了约 50Ma 以来全球海水的氧稳定同位素变化曲线,发现了新生代冰期-间冰期旋回变化特征(Lisiecki and Raymo,2005)。包括本书作者团队在内的国内外学者经过长期研究,发现海洋天然气水合物地质系统沉积物中保存的有孔虫壳体地球化学组成受到了天然气水合物藏的演化影响(Burkett et al.,2018;Cen et al.,2022;Gupta,1997;Li Q et al.,2008;Rathburn et al.,1996;Torres et al.,2003,2010;Zhang et al.,2018)。

Gupta 等(1997)发现墨西哥湾冷泉区活体底栖有孔虫 $\delta^{13}C$ 较非冷泉区站位有 0.4‰~4‰的偏负,认为这种变化可能源自甲烷对孔隙水的影响强弱变化(Gupta et al.,1997)。Rathburn 等(1996)发现海洋活体底栖有孔虫 $\delta^{13}C$ 虽然比非冷泉区偏轻(幅度并不大),但冷泉区有孔虫的碳同位素波动幅度明显比非冷泉区要大。Burkett 等(2018)通过对水合物脊及哥斯达黎加边缘活动冷泉区和非冷泉区表底栖有孔虫碳稳定同位素的对比研究,提出底栖有孔虫 $\delta^{13}C$ 的标准差大于 0.15 可以作为识别冷泉环境的标志(Burkett et al.,2018)。显然,现有冷泉站位活体底栖有孔虫壳体的碳同位素研究表明,甲烷渗漏活动会造成底栖有孔虫 $\delta^{13}C$ 负偏,但无法与沉积物孔隙水 $\delta^{13}C_{DIC}$ 低至−60‰的同位素组成或 AOM 成因的自生碳酸盐类矿物的极低碳稳定同位素组成达到平衡。Torres 等(2003)认为冷泉站位的底栖有孔虫的壳体改造过程大多是在少量甲烷排放或间歇性渗漏入沉积物时发生的(Torres et al.,2003)。Torres 等(2010)对东北太平洋大陆边缘中新世古冷泉沉积物中冷泉碳酸盐和经过早期成岩改造的有孔虫壳体进行微量元素分析,发现甲烷渗漏中产生的碳酸盐类矿物的 Sr 和 Mg 的含量同时增加(Torres et al.,2010);有孔虫壳体与碳酸盐相中 Ba 的富集趋势一致,表明在水合物地质系统背景下沉积物中 Ba 广泛掺入,进一步证明了自生碳酸盐类矿物的沉淀是由具有甲烷渗漏特征的高碱度高钡流体驱动，Ba/Ca 比值的增加可以作为古海洋沉积物中甲烷渗漏的识别指标（Torres et al.，2003，2010）。

Cen 等（2022）详细研究了印度洋孟加拉湾 IODP 353 航次的钻探岩芯（U1445 - U1448 站位）和中国南海北部陆坡 GMGS2 - 16 站位沉积物中有孔虫的发育特征及其壳体的元素和同位素地球化学组成，发现甲烷渗漏作用对有孔虫的微观形貌、碳稳定同位素和微量元素组成具有较大影响（Cen et al.，2022），并由此推测出研究区多期次的古甲烷渗漏事件。

通过对南海北部陆坡 GMGS2 - 16 站位 57 个沉积物样品中各类有孔虫壳体的数量和形貌进行了观察和统计，发现受成岩改造的有孔虫壳体广泛分布在整个钻孔 0.23～205.82mbsf的沉积物样品中，主要表现为自生碳酸盐类矿物次生结晶作用，从在原始壳体的内外壁光滑无充填、微孔干净和轮廓清晰，到一些壳体壁上生长一层方解石晶体并厚度增加、微孔直径缩小甚至被完全充填，呈现出不同程度的有孔虫壳体被改造现象（图 4.1）。其中，在

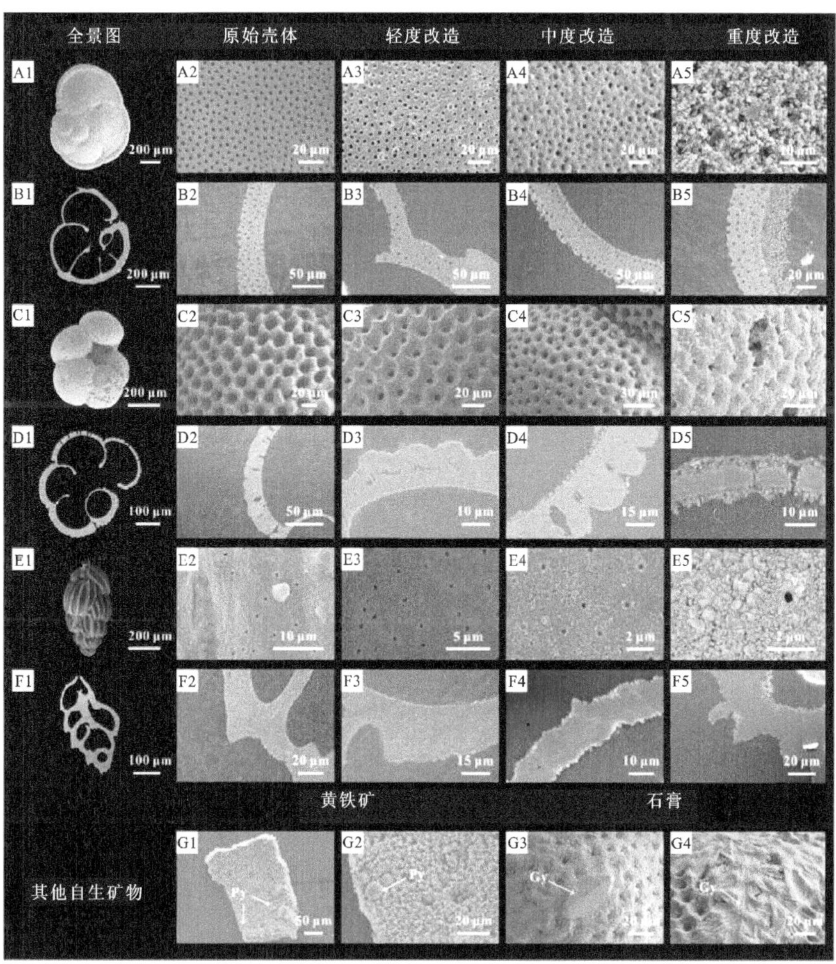

图 4.1　南海北部陆坡水合物赋存海区 GMGS2 - 16 站位沉积物中不同程度改造的有孔虫壳体显微形貌扫描电镜（SEM）（Cen et al.，2022）

A1～B5. *Globorotalia menardii* 壳体外壁和横截面；C1～D5. *Neogloboquadrina dutertrei* 壳体外壁和横截面；E1～F5. *Uvigerina peregrina* 壳体外壁和横截面；G1、G2. 自生黄铁矿莓球；G3、G4. 自生石膏。Py＝pyrite（黄铁矿）；Gy＝gypsum（石膏）。

深度为 10.83mbsf 和 92.32mbsf 的样品中，成岩改造壳体的含量最高（>30%）；在 16.65mbsf、22.08mbsf、50.47mbsf 和 164.68mbsf 处，成岩改造壳体的含量高于 10%。其余存在成岩改造有孔虫壳体的层位分散，含量低，不足 1%。与传统观点认为的成岩改造程度与埋藏深度相关（Schlanger and Douglas，1974）不同的是，GMGS2－16 站位中有孔虫壳体的成岩改造程度并没有随深度增加而增强。各层位有孔虫壳体显示出的成岩改造程度存在差异，例如10.83mbsf的样品以中度改造壳体为主，22.08mbsf 的样品以轻度改造壳体为主。

基于对 IODP353 航次 U1445～U1448 共 4 个站位沉积物中未改造的底栖有孔虫壳体的碳、氧稳定同位素组成测试分析，共识别出 8 次古海洋甲烷异常渗漏事件（Cen et al.，2022）。除 U1447 站位 2.11Ma（事件Ⅰ）和 0.41Ma（事件Ⅵ）的古甲烷渗漏事件外，其他事件（事件Ⅲ～Ⅷ）均可以在不同站位找到相对应的记录。事件Ⅱ在 U1445 和 U1448 站位均有记录，事件Ⅲ在 U1445 和 U1447 站位均有记录，事件Ⅳ、Ⅴ、Ⅶ和Ⅷ在 U1445、U1446 和 U1447 站位均有记录（图 4.2）。这些古甲烷渗漏事件很可能与下伏天然气水合物稳定带中水合物周期性的分解释放甲烷流体有关，反映了孟加拉湾大陆边缘天然气水合物地质系统的演化历史。

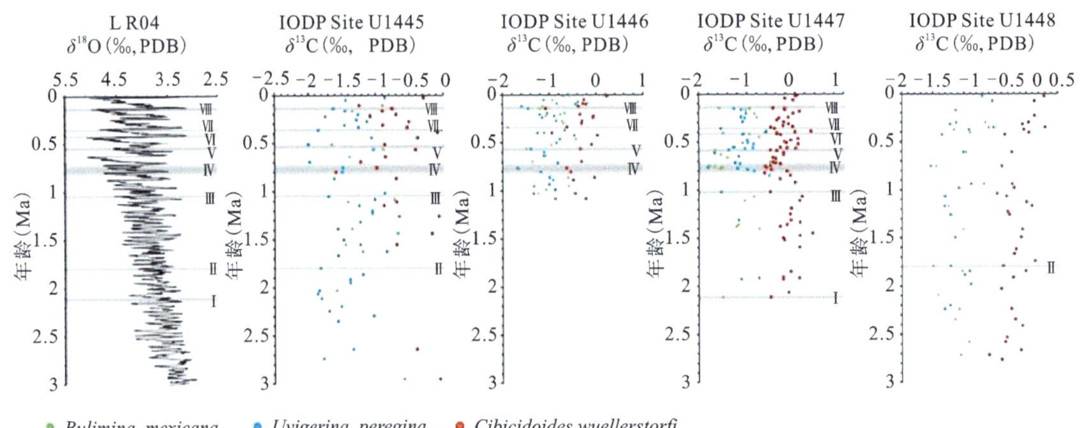

图 4.2 孟加拉湾 IODP 353 航次沉积物中底栖有孔虫壳体的碳稳定同位素组成及其所揭示的古海洋甲烷渗漏事件综合图（Cen et al.，2022）

注：灰色阴影为根据底栖有孔虫 $\delta^{13}C$ 负偏识别出的古甲烷渗漏事件；LR04 氧同位素数据来自 Lisiecki and Raymo，2005。

4.3 自生黄铁矿对古海洋硫酸盐-甲烷转换带位置的指示意义

海洋天然气水合物地质系统沉积物中 SMTZ 内发生的 AOM 反应不仅促进了自生碳酸盐类矿物的形成（见图 2.1），也同时促进了黄铁矿等硫化物类矿物的沉淀，并导致硫同位素分馏程度的减少（Antler et al.，2013；Canfield et al.，2010；Deusner et al.，2014；Jørgensen et al.，2004；Leavitt et al.，2013；Peketi et al.，2012；Sim et al.，2011b）。反过来，人们可以利用海洋沉积柱中黄铁矿含量的富集和硫同位素的异常正偏等耦合现象，探索海洋沉积物中

SMTZ 的位置和变化特征(Borowski et al.,2013;Lin Q et al.,2016a、c)。然而,由于沉积柱中硫化物的形成和累积需要一定的时间,在一些现代海洋沉积柱正在发育的 SMTZ 位置中,黄铁矿含量可能并未表现出明显的富集,其硫同位素组成也未存在异常。此外,沉积速率、活性铁含量等背景条件也会影响黄铁矿的形成过程(Berner,1984;Canfield,1989;Jørgensen,1982)。

Lin 等(2016c)通过研究中国南海北部陆坡水合物赋存海域多个站位沉积物(Site 2A、Site XH、Site DH)中自生黄铁矿的含量、分布和硫同位素组成等,并重新分析了前人发表的大西洋布莱克海台(Blake Ridge)多个站位沉积物(Site 11-8、Site 994A、Site 995B)中黄铁矿分布及其硫同位素组成数据(Borowski et al.,2013),发现在海洋沉积柱的 SMTZ 内及附近位置的沉积物中明显富集自生黄铁矿,其硫同位素组成也表现出异常的正偏趋势(图 4.3、图 4.4),认为海洋沉积物或海相地层中黄铁矿的含量富集和硫同位素的异常正偏之间耦合现象可以很好地指示古、今海洋沉积过程中 SMTZ 的位置,并尝试性地提出了一个经验性的数据指标,即当沉积物中通过铬还原处理和体视镜挑选的黄铁矿的相对含量分别超过 0.5%和 5.0%时,可以大致推测认为沉积物中黄铁矿的相对含量存在异常;当上述两种方法获得的黄铁矿硫同位素正偏趋势均超过 10‰,CDT 时也可以推测黄铁矿的硫同位素组成存在异常。南海北部陆坡水合物赋存海域沉积物中自生碳酸盐岩的研究也表明,南海北部陆缘晚更新世以来的低海平面时期发生过与水合物失稳有关的多次甲烷渗漏事件(Tong et al.,2013)。

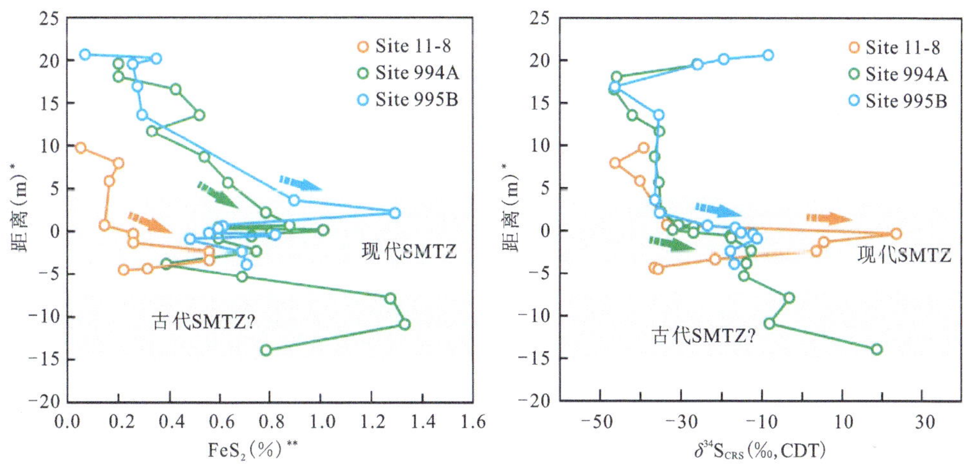

图 4.3 大西洋布莱克海台沉积物中 SMTZ 位置及其附近黄铁矿的含量和硫同位素组成关系图(修改自 Lin Q et al.,2016c)

注:* 表示距离沉积物中 SMTZ 的远近距离,正值表示在 SMTZ 之上的深度位置,负值表示在 SMTZ 之下的深度位置;研究站位的 SMTZ 深度数据来自文献 Borowski et al.,2013;* * 表示黄铁矿含量根据硫的质量平衡计算,公式为 FeS_2(%)=sulfur(%)×120/64。

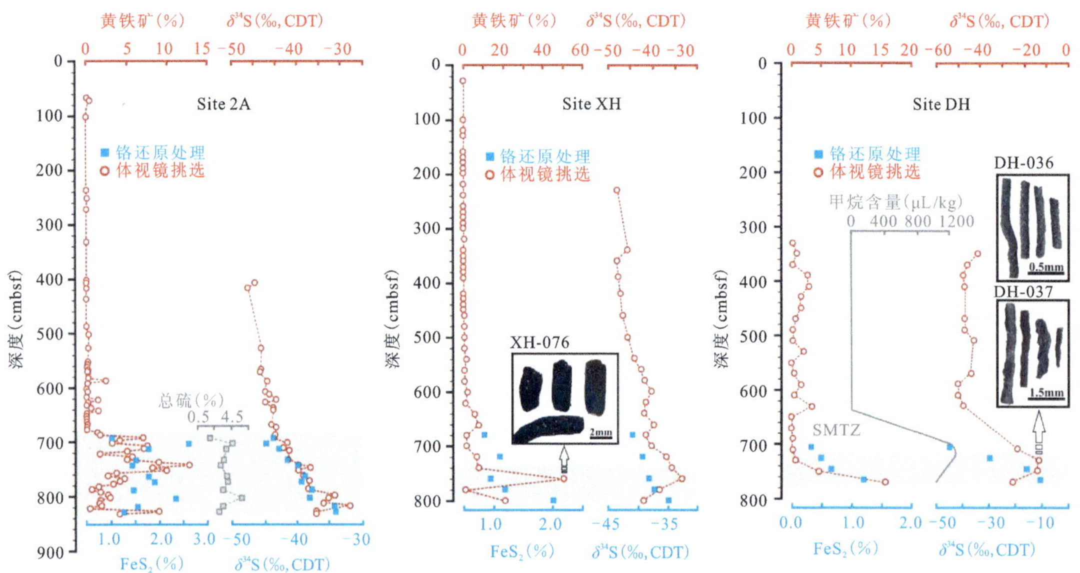

图 4.4 南海北部陆坡水合物赋存海域沉积物中黄铁矿含量及其硫同位素组成(修改自 Lin et al.,2016c)

注:Site DH 站位孔隙水甲烷含量数据引自 Cui et al.,2014,据此可知此站位现代 SMTZ 的位置为 640~700cmbsf。

4.4 莓球状黄铁矿的莓球粒径增大现象与 AOM 关系

长久以来,学界一直认为海洋沉积物中莓球状黄铁矿的成因主要有两种类型:①是在厌氧的底层水体(如现代黑海)中形成,生长至一定的粒径之后由于重力作用降落至水岩界面,与表层沉积物同时埋藏的同沉积形成的莓球状黄铁矿,莓球粒径通常具有较小的平均粒径(<6μm)和较窄的粒径分布范围;②是在氧化-贫氧的底层水体和沉积物中,莓球状黄铁矿形成于氧化还原界面附近,为沉积物的早期成岩过程中形成,莓球粒径通常具有较大的平均粒径(4~50μm)和较宽的粒径分布范围(Wignall and Newton,1998;Wilkin and Bernes,1996)。基于上述判别标准,不少学者借此探讨了地史不同时期海相地层中莓球状黄铁矿的分布特征,并恢复了古海洋的氧化还原沉积环境(常华进等,2009,2011;常晓琳等,2020;王东升等,2022;韦雪梅等,2017;Takahashi et al.,2015;Wang W et al.,2021;Wei H et al.,2012,2015,2016;Wignall et al.,2005,2010)。

Lin Q 等(2016a)根据中国南海北部陆坡水合物赋存海区的 Site 2A 站位和 973-4 站位共 19 个样品中莓球状黄铁矿的莓球粒径统计结果,并计算了多个莓球粒径参数,发现 Site 2A 站位黄铁矿莓球的平均粒径分布范围为 7.9~32.2μm,最大粒径可达 46.6μm,标准偏差分布范围为 0.9~5.5,表现出较大的粒径分布差异;而 973-4 站位黄铁矿莓球的平均粒径分布范围为 10.5~66.3μm,最大粒径可达 101.2μm,标准偏差分布范围为 1.3~17.1,也表现出较大的粒径分布差异,而且莓球粒径巨大的黄铁矿主要分布于 SMTZ 内,提出将莓球状黄铁矿的莓球粒径平均粒径>20μm 和标准偏差>3μm 作为 AOM 成因的黄铁矿判别标准

(图 4.5)(Lin Q et al.,2016a)。这一研究结果暗示着海洋沉积物中发育的草莓状黄铁矿的莓球粒径大小并非单一受控于底层水体的氧化还原环条件,SMTZ 带中盛行的 AOM 作用可能促进了草莓状黄铁矿的莓球粒径异常增大。

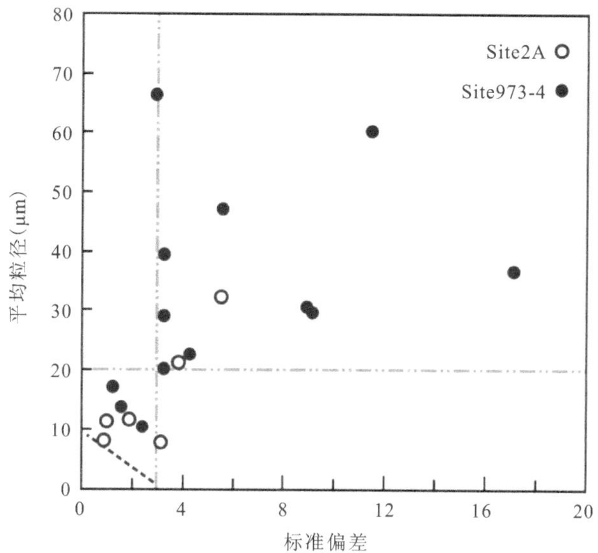

图 4.5　南海北部陆坡 2A 和 973-4 站位沉积物中莓球状黄铁矿的莓球平均粒径(MD)和标准偏差(SD)关系图(修改自 Lin Q et al.,2016c)

注:倾斜的虚线可以区分氧化-贫氧的底层水沉积环境和缺氧的底层水沉积环境(Wilkin et al.,1996);本研究站位的黄铁矿莓球具有异常大的平均粒径(>20μm)和标准偏差(>3.0)。

类似的现象也出现在南海北部陆坡水合物钻探海域的沉积物中。许力源(2022)研究了南海北部陆坡水合物试采钻探站位 GMGS4-W02B 沉积物中莓球状黄铁矿的发育特征,发现在 SMTZ 内加强的甲烷厌氧氧化反应会导致其带内形成的草莓状黄铁矿的莓球粒径出现异常增大现象。同时也发现一些莓球出现次生加大边现象(图 4.6)。通过剔除莓球的次生加大边粒径值,重新统计后提出莓球平均粒径>12μm 和标准偏差>3μm 作为 AOM 成因的黄铁矿判别标准(图 4.7),这一判别标准对比 Lin Q 等(2016a)而言其平均粒径要小一些,但标准偏差相似,认为前人粒径统计中很可能忽略了次生加大边的影响(许力源,2022)。

图 4.6　南海北部陆坡水合物试采海区 GMGS4-W02B 站位沉积物莓球状黄铁矿显微形貌图(许力源,2022)

a. 无次生加大边的草莓状黄铁矿;b. 有次生加大边的草莓状黄铁矿。

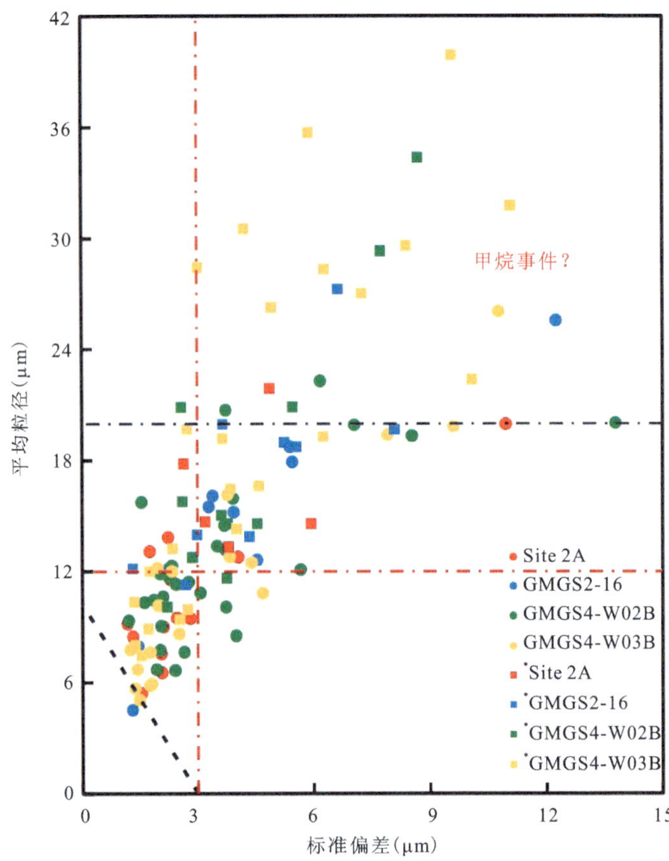

图 4.7　南海北部陆坡水合物赋存海域沉积物中草莓状黄铁矿的莓球平均粒径-标准偏差图(许力源,2022)

注:左下角黑色倾斜虚线代表缺氧-硫化和氧化-贫氧沉积环境分界(Wilkin et al.,1996);黑色横直虚线和红色竖直虚线代表 Lin Q 等(2016a)判断标准(平均粒径＞20μm,标准偏差＞3μm);红色横直虚线和红色竖直虚线剔除次生加大边后的判断标准(平均粒径＞12μm,标准偏差＞3μm)。

硫酸盐驱动的甲烷厌氧氧化作用既可以发生在氧化-贫氧的底层水沉积环境,也可以发生在缺氧-硫化的底层水沉积环境。当上涌的沉积流体中甲烷的浓度增大时,沉积物中 SMTZ 会向上移动,同时增强的 AOM 作用促进了硫化物浓度增加(Lin Q et al.,2016a),草莓状黄铁矿会快速生长形成粒径较大的草莓,而此时底层水体为氧化-贫氧水体,莓球状黄铁矿的莓球粒径大小与底层沉积水体的氧化还原条件之间关系符合前人的判别标准(图 4.8a、b)(Wignall and Newton,1998;Wilkin and Bernes,1996)。然而,当上涌沉积流体中甲烷浓度不断增大或"冷泉"现象出现时("甲烷事件"发生时),SMTZ 位置可能跃升至海底表面甚至海水中,势必会导致底层海水的缺氧、酸化、硫化、分层等沉积环境改变(Dickens et al.,1997;Jørgensen et al.,2004;Meister and Reyes,2019;Zachos et al.,2005)。与此同时,在海水-沉积物界面上会形成莓球粒径异常增大的草莓状黄铁矿(图 4.8c),而此时的底层水体既可能是氧化-贫氧环境,也很可能是缺氧-硫化的环境。在这种特殊情况下,草莓状黄铁矿的粒径特征与水体氧化还原条件的关系不能机械地采用前人的判别标准,即在"甲烷事件"发生时利用前人提出的草莓状黄铁矿的莓球粒径与底层沉积水体的氧化还原之间的判别标准可能不准确。“甲烷事件”发生时增强的 AOM 促进了巨大莓球的生长，同时造成了底层沉积水体的还原环境。如果上涌的甲烷能量足够大而直接进入海水中（图 4.8d），SMTZ 可能跃升到水体中，此时在水体中形成的草莓状黄铁矿的莓球粒径大小将会受到黄铁矿自身重力、甲烷气体向上浮力和水动力条件等多种因素的影响，目前尚无可信的研究报道。

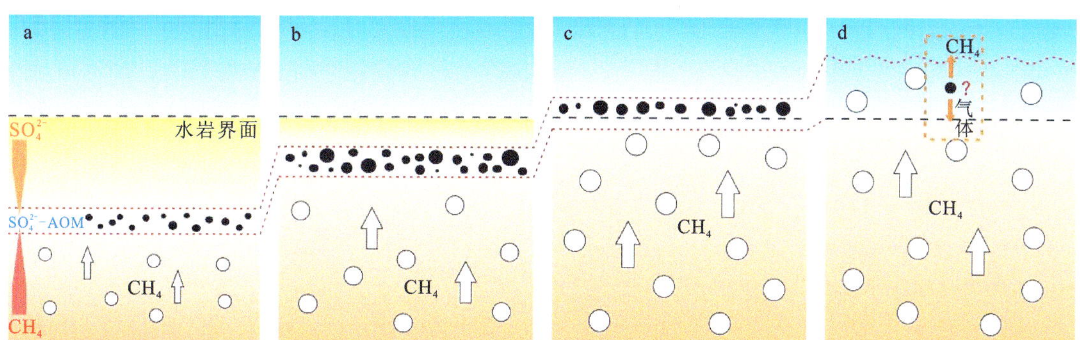

图 4.8　海洋天然气水合物地质系统沉积物中草莓状黄铁矿的莓球粒径特征与 SMTZ 位置演化关系图（许力源，2022）

a. 上涌甲烷浓度较小，SMTZ 位于沉积物较深处，AOM 较弱，莓球粒径通常较小；b. 上涌甲烷浓度增大，SMTZ 移至沉积物浅表层，AOM 增强，莓球粒径异常增大；c. 上涌甲烷浓度增大，SMTZ 移至水-沉积物界面，AOM 增强，莓球粒径异常增大；d. 上涌甲烷浓度增大，SMTZ 移至底层海水，AOM 增强，莓球粒径大小难以判断。

主要参考文献

曹丰龙，韦恒叶，2015. 湖北省恩施地区二叠系低丰度草莓状黄铁矿的两种成因[J]. 东华理工大学学报(自然科学版)，38(2)：158-166.

岑越，2018. 海洋沉积物中底栖有孔虫碳氧稳定同位素对古甲烷渗漏事件的响应[D]. 武汉：中国地质大学(武汉).

岑越，2023. 天然气水合物赋存海域沉积物中有孔虫壳体特征及其对甲烷渗漏事件的指示意义[D]. 武汉：中国地质大学(武汉).

常华进，储雪蕾，2011. 草莓状黄铁矿与古海洋环境恢复[J]. 地球科学进展，26(5)：475-481.

常华进，储雪蕾，冯连君，等，2009. 华南老堡组硅质岩中草莓状黄铁矿：埃迪卡拉纪末期深海缺氧的证据[J]. 岩石学报，25(4)：1001-1007.

常晓琳，黄元耕，陈中强，等，2020. 沉积地层中草莓状黄铁矿分析方法及其在古海洋学上的应用[J]. 沉积学报，38(1)：150-165.

陈汉宗，周蒂，1997. 天然气水合物与全球变化研究[J]. 地球科学进展，12(1)：38-43.

陈忠，颜文，陈木宏，等，2007. 南沙海槽表层沉积自生石膏-黄铁矿组合的成因及其对天然气渗漏的指示意义[J]. 海洋地质与第四纪地质，27(2)：91-100.

陈忠，黄奇瑜，吴必豪，等，2010. 南海天然气水合物潜在海域自然铝的发现及其特征与形成机理[J]. 中国科学：地球科学，40(1)：34-44.

冯东，陈多福，2007. 海底沉积物孔隙水钡循环对天然气渗漏的指示[J]. 地球科学进展，22(1)：49-57.

冯东，宫尚桂，2019. 海底冷泉系统硫的生物地球化学过程及其沉积记录研究进展[J]. 矿物岩石地球化学通报，38(6)：5-15.

蒋干清，史晓颖，张世红，2006. 甲烷渗漏构造、水合物分解释放与新元古代冰后期盖帽碳酸盐岩[J]. 科学通报，51(10)：1121-1138.

李清，王家生，蔡峰，等，2015. 自生碳酸盐岩与底栖有孔虫碳同位素特征对多幕次甲烷事件的耦合响应[J]. 海洋地质与第四纪地质，35(5)：37-46.

李文，穆桂金，林永崇，等，2022. 罗布泊自生胶黄铁矿对磁性参数 χARM/SIRM 指示意义的影响[J]. 沉积学报，40(5)：1280-1288.

林杞，2016. 南海北部天然气水合物赋存区沉积物中自生矿物特征及其硫酸盐-甲烷转换带指示意义[D]. 武汉：中国地质大学(武汉).

林荣骁，2016. 南海北部岩芯沉积物的磁化率特征及其对海底甲烷渗漏事件的指示意义

[D]. 武汉：中国地质大学(武汉).

吕志成，刘丛强，刘家军，等，2004. 南秦岭毒重石成矿带矿床中的生物成因重晶石及其意义[J]. 自然科学进展，14(8)：892-897.

孙杨，李冬梅，刘茜，等，2018. X射线荧光光谱法辅助测定重晶石中的硫酸钡[J]. 吉林化工学院学报，35(5)：27-29.

王成善，王天天，陈曦，等，2017. 深时古气候对未来气候变化的启示[J]. 地学前缘，24(1)：1-17.

王东升，张金川，李振，等，2022. 草莓状黄铁矿的形成机制探讨及其对古氧化-还原环境的反演[J]. 中国地质，49(1)：1-27.

王家生，甘华阳，魏清，等，2005. 三峡"盖帽"白云岩的碳、硫稳定同位素研究及其成因探讨[J]. 现代地质，19(1)：14-20.

王家生，SUESS E，2002. 天然气水合物伴生的沉积物碳、氧稳定同位素示踪[J]. 科学通报，47(15)：1171-1176.

王家生，SUESS E，RICKERT D，2003. 东北太平洋天然气水合物伴生沉积物中自生石膏矿物[J]. 中国科学(D)，33(5)：433-441.

王家生，林杞，李清，等，2015. 海洋沉积物中AOM成因的自生矿物及其对深时地球古海洋甲烷事件的启示[J]. 第四纪研究，35(6)：1383-1392.

王家生，王舟，胡军，等，2012. 华南新元古代"盖帽"碳酸盐岩中甲烷渗漏事件的综合识别特征[J]. 地球科学，37(Z2)：14-22.

王晓芹，王家生，魏清，等，2008. 综合大洋钻探计划311航次沉积物中自生碳酸盐岩碳、氧稳定同位素特征[J]. 现代地质，22(3)：397-401.

韦雪梅，韦恒叶，邱振，等，2017. 广西来宾蓬莱滩剖面G-L界线草莓状黄铁微晶粒径特征及其氧化还原意义[J]. 地质科学，52(1)：230-241.

吴丽芳，雷怀彦，欧文佳，等，2014. 南海北部柱状沉积物中黄铁矿的分布特征和形貌研究[J]. 应用海洋学学报，33(1)：21-28.

吴丽芳，2014，南海北部沉积物中黄铁矿分布特征及其对天然气水合物的指示意义[D]. 厦门：厦门大学.

吴能友，苏明，2020. 天然气水合物运聚体系：理论、方法与实践[M]. 合肥：安徽科学技术出版社.

许力源，2022. 南海北部沉积物中草莓状黄铁矿的莓球粒径和微晶特征及其沉积环境指示意义[D]. 武汉：中国地质大学(武汉).

张光学，陈芳，沙志彬，等，2017. 南海东北部天然气水合物成藏演化地质过程[J]. 地学前缘，24(4)：16-23.

张美，孙晓明，徐莉，等，2011. 南海台西南盆地自生管状黄铁矿中纳米级石墨碳的发现及其对天然气水合物的示踪意义[J]. 科学通报，56(21)：1756-1762.

周琦，杜远生，王家生，等，2007. 黔东北地区南华系大塘坡组冷泉碳酸盐岩及其意义[J]. 地球科学，32(3)：339-346.

AKAM S A，LYONS T W，COFFIN R B，2021. Carbon-sulfur signals of methane versus crude oil diagenetic decomposition and U-Th age relationships for authigenic carbonates from asphalt seeps, southern Gulf of Mexico[J]. Chemical Geology, 581: 120395.

ALOISI G, WALLMANN K, BOLLWERK S M, et al., 2004. The effect of dissolved barium on biogeochemical processes at cold seeps[J]. Geochimica et Cosmochimica Acta, 68 (8): 1735-1748.

ANTLER G, TURCHYN A V, HERUT B, et al., 2015. A unique isotopic fingerprint of sulfate-driven anaerobic oxidation of methane[J]. Geology, 43(7): 619-622.

ANTLER G, TURCHYN A V, RENNIE V, et al., 2013. Coupled sulfur and oxygen isotope insight into bacterial sulfate reduction in the natural environment[J]. Geochimica et Cosmochimica Acta, 118: 98-117.

ARGENTINO C, LUGLI F, CIPRIANI A, et al., 2019. A deep fluid source of radiogenic Sr and highly dynamic seepage conditions recorded in Miocene seep carbonates of the northern Apennines (Italy)[J]. Chemical Geology, 522: 135-147.

ARNING E T, BERK W, SCHULZ H M, 2016. Fate and behavior of marine organic matter during burial of anoxic sediments: testing CH_2O as generalized input parameter in reaction transport models[J]. Marine Chemistry, 178: 8-12.

BAINS S, CORFIELD R M, NORRIS R D, 1999. Mechanisms of climate warming at the end of the Paleocene[J]. Science, 285: 724-727.

BAO H M, LYONS J R, ZHOU C M, 2008, Triple oxygen isotope evidence for elevated CO_2 levels after a Neoproterozoic glaciation[J]. Nature, 453(7194): 504-506.

BAU M, 1999. Scavenging of dissolved yttrium and rare earths by precipitating iron oxyhydroxide: experimental evidence for Ce oxidation, Y-Ho fractionation, and lanthanide tetrad effect[J]. Geochimica et Cosmochimica Acta, 63(1): 67-77.

BEAL E J, HOUSE C H, ORPHAN V J, 2009. Manganese-and iron-dependent marine methane oxidation[J]. Science, 325: 184-187.

BEAUDOIN Y C, WAITE W, BOSWELL R, et al., 2014. Frozen heat: a UNEP global outlook on methane gas hydrates-volume 1[M]. Norway: Birkeland Trykkeri A/S.

BERNER R A, 1967. Thermodynamic stability of sedimentary iron sulfides [J]. American Journal of Science, 265 (9): 773-785.

BERNER R A, 1984. Sedimentary pyrite formation: an update [J]. Geochimica et cosmochimica Acta, 48(4): 605-615.

BEULIG F, RØY H, MCGLYNN S E, et al., 2019. Cryptic CH_4 cycling in the sulfate-methane transition of marine sediments apparently mediated by ANME-1 archaea[J]. The ISME Journal, 13(2): 250-262.

BIRGEL D, MEISTER P, LUNDBERG R, et al., 2015. Methanogenesis produces strong ^{13}C enrichment in stromatolites of Lagoa Salgada, Brazil: a modern analogue for Palaeo-/Neoproterozoic stromatolites? [J]. Geobiology, 13(3): 245-266.

BLANCHET C L, KASTEN S, VIDAL L, et al., 2012. Influence of diagenesis on the stable isotopic composition of biogenic carbonates from the Gulf of Tehuantepec oxygen minimum zone[J]. Geochemistry,Geophysics,Geosystems,13(4):003800.

BOETIUS A, RAVENSCHLAG K, SCHUBERT C J, et al., 2000. A marine microbial consortium apparently mediating anaerobic oxidation of methane[J]. Nature,407:623-626.

BOHRMANN G, GREINERT J, SUESS E, et al., 1998. Authigenic carbonates from Cascadia subduction zone and their relation to gas hydrate stability[J]. Geology,26:647-650.

BOJANOWSKI M J, 2014. Authigenic dolomites in the Eocene-Oligocene organic carbon-rich shales from the Polish Outer Carpathians: evidence of past gas production and possible gas hydrate formation in the Silesian basin[J]. Marine and Petroleum Geology,51: 117-135.

BOROWSKI W S, PAULL C K, USSLER W, 1996. Marine pore-water sulfate profiles indicate in situ methane flux from underlying gas hydrate[J]. Geology,24(7):655-658.

BOROWSKI W S, PAULL C K, USSLER W, 1999. Global and local variations of interstitial sulfate gradients in deep-water, continental margin sediments: sensitivity to underlying methane and gas hydrates[J]. Marine Geology,159(1/4):131-154.

BOROWSKI W S, RODRIGUEZ N M, PAULL C K, et al., 2013. Are 34s-enriched authigenic sulfide minerals a proxy for elevated methane flux and gas hydrates in the geologic record? [J]. Marine and Petroleum Geology,43:381-395.

BOSWELL R, COLLETT T S, 2011. Current perspectives on gas hydrate resources[J]. Energy & Environmental Science,4:1206-1215.

BÖTTCHER M E, THAMDRUP B, 2001. Anaerobic sulfide oxidation and stable isotope fractionation associated with bacterial sulfur disproportionation in the presence of MnO_2[J]. Geochimica et Cosmochimica Acta,65(10):1573-1581.

BOTTRELL S H, NEWTON R J, 2006. Reconstruction of changes in global sulfur cycling from marine sulfate isotopes[J]. Earth-Science Reviews,75:59-83.

BRANDLEY R T, KRAUSE F F, 1994. Thinolite-type pseudomorphs after ikaite: indicators of cold water on the subequatorial western margin of Lower Carboniferous North America[M]// BEAUCHAMP B, EMBRY A F, GLASS D J, Pangea: global environments and resources. Toronto: Canadian Society of Petroleum Geologists.

BRENCHLEY P J, MARSHALL J D, CARDEN G A F, 1994. Bathymetric and isotopic evidence for a short-lived Late Ordovician glaciation in a greenhouse period[J]. Geology,22: 295-298.

BRISKIN M, SCHREIBER B C, 1978. Authigenic gypsum in marine sediments[J]. Marine Geology,28(1):37-49.

BRISTOW T F, BONIFACIE M, DERKOWSKI A, et al., 2011. A hydrothermal origin for isotopically anomalous cap dolostone cements from south China[J]. Nature,474:68-71.

BRISTOW T F, GROTZINGER J P, 2013. Sulfate availability and the geological record of cold-seep deposits[J]. Geology,41:811-814.

BRUNNER B, ARNOLD G L, RøY H, et al., 2016. Off limits: sulfate below the sulfate-methane transition[J]. Frontiers in Earth Science, 4(75): 1-16.

BRUNNER B, BERNASCONI S M, KLEIKEMPER J, et al., 2005. A model for oxygen and sulfur isotope fractionation in sulfate during bacterial sulfate reduction processes[J]. Geochimica et Cosmochimica Acta, 69(20): 4773-4785.

BURKETT A M, RATHBURN A E, PéREZ M E, et al., 2018. Influences of thermal and fluid characteristics of methane and hydrothermal seeps on the stable oxygen isotopes of living benthic foraminifera[J]. Marine and Petroleum Geology, 93: 344-355.

CAI C, LI K, LIU D, et al., 2021. Anaerobic oxidation of methane by Mn oxides in sulfate-poor environments[J]. Geology, 49: 761-766.

CAMERON V, VANCE D, ARCHER C, et al., 2009. A biomarker based on the stable isotopes of nickel[J]. Proceedings of the National Academy of Sciences of the United States of America, 106: 10 944-10 948.

CAMPBELL K A, 2006. Hydrocarbon seep and hydrothermal vent paleoenvironments and paleontology: past developments and future research directions[J]. Palaeogeography Palaeoclimatology Palaeoecology, 232(2/4): 362-407.

CANFIELD D E, 1989. Reactive iron in marine sediments[J]. Geochimica et Cosmochimica Acta, 53(3): 619-632.

CANFIELD D E, FARQUHAR J, ZERKLE A L, 2010. High isotope fractionations during sulfate reduction in a low-sulfate euxinic ocean analog[J]. Geology, 38(5): 415-418.

CANFIELD D E, THAMDRUP B, 1994. The production of ^{34}S-depleted sulfide during bacterial disproportionation of elemental sulfur[J]. Science, 266(5193): 1973-1975.

CASTELLINI D G, DICKENS G R, SNYDER G T, et al., 2006. Barium cycling in shallow sediment above active mud volcanoes in the Gulf of Mexico[J]. Chemical Geology, 226(1/2): 1-30.

CEN Y, WANG J, DING X, et al., 2022. Tracing the methane events by stable carbon isotopes of benthic foraminifera at glacial periods in the Andaman Sea[J]. Journal of Earth Science, 33: 1571-1582.

CHANG L L Y, HOWIE R A, ZUSSMAN J, 1998. Non-silicates: Sulphates, Carbonates, Phosphates, Halides[C]//HARLOW E. Rock-forming minerals. London: Geological Society Publishing House.

CHEN C, WANG J, ALGEO T J, et al., 2017. Negative $\delta^{13}C$ carb shifts in Upper Ordovician (Hirnantian) Guanyinqiao Bed of South China linked to diagenetic carbon fluxes[J]. Palaeogeography, Palaeoclimatology, Palaeoecology, 487: 430-446.

CHEN C, WANG J, ALGEO T J, et al., 2023. Sulfate-driven anaerobic oxidation of methane inferred from trace-element chemistry and nickel isotopes of pyrite[J]. Geochimica et Cosmochimica Acta, 349: 81-95.

CHEN C, WANG J, ALGEO T J, et al., 2020. New evidence for compaction-driven vertical fluid migration into the Upper Ordovician (Hirnantian) Guanyinqiao bed of south China[J]. Palaeogeography, Palaeoclimatology, Palaeoecology, 550: 109746.

CHEN C, WANG J, ALGEO T J, et al., 2024. Application of pyrite trace-metal and S and Ni isotope signatures to distinguish sulfate- versus iron-driven anaerobic oxidation of methane[J]. Chemical Geology, 662: 122211.

CHEN C, WANG J, CHEN X, et al., 2024. Productivity and redox influences on the late Ordovician "Katian Extinction" and "early Silurian Recovery" [J]. Palaeogeography, Palaeoclimatology, Palaeoecology, 642: 112176.

CHEN F, WANG X, LI N, et al., 2019. Gas hydrate dissociation during sea-level highstand inferred from U/Th dating of seep carbonate from the South China Sea[J]. Geophysical Research Letters, 46: 13 928-13 938.

CHEN Z, HUANG C Y, ZHAO M, et al., 2011. Characteristics and possible origin of native aluminum in cold seep sediments from the northeastern South China Sea[J]. Journal of Asian Earth Sciences, 40(1): 363-370.

COLLETT T S, BOSWELL R, COCHRAN J R, et al., 2014. Geologic implications of gas hydrates in the offshore of India: Results of the National Gas Hydrate Program Expedition 01[J]. Marine and Petroleum Geology, 58: 3-28.

CUI H, KITAJIMA K, SPICUZZA M J, et al., 2018. Questioning the biogenicity of Neoproterozoic superheavy pyrite by SIMS[J]. American Mineralogist, 103(9): 1362-1400.

DENG T H, CLOQUET C, TANG Y T, et al., 2014. Nickel and zinc isotope fractionation in hyperaccumulating and nonaccumulating plants[J]. Environmental Science Technology, 48(20): 11 926-11 933.

DEUSNER C, HOLLER T, ARNOLD G L, et al., 2014. Sulfur and oxygen isotope fractionation during sulfate reduction coupled to anaerobic oxidation of methane is dependent on methane concentration[J]. Earth and Planetary Science Letters, 399: 61-73.

DEWANGAN P, BASAVAIAH N, BADESAB F K, et al., 2013. Diagenesis of magnetic minerals in a gas hydrate/cold seep environment off the Krishna-Godavari basin, Bay of Bengal[J]. Marine Geology, 340: 57-70.

DICKENS G R, 2001. Sulfate profiles and barium fronts in sediment on the Blake Ridge: present and past methane fluxes through a large gas hydrate reservoir[J]. Geochimica et Cosmochimica Acta, 65(4): 529-543.

DICKENS G R, 2004. Hydrocarbon-driven warming[J]. Nature, 429: 513-515.

DICKENS G R, CASTILLO M M, WALKER J C G, 1997. A blast of gas in the latest Paleocene: simulating first-order effects of massive dissociation of oceanic methane hydrate [J]. Geology, 25(3): 259-262.

EGGER M, HAGENS M, SAPART C J, 2017. Iron oxide reduction in methane rich deep Baltic Sea sediments, Geochim[J]. Geochimica Et Cosmochimica Acta, 207: 256-276.

EGGER M, JILBERT T, BEHRENDS T, et al., 2015. Vivianite is a major sink for phosphorus in methanogenic coastal surface sediments, Geochim [J]. Geochimica et Cosmochimica Acta,169:217-235.

ELLIOTT T, STEELE R C J, 2017. The isotope geochemistry of Ni[J]. Reviews Mineralogy & Geochemistry,82:511-542.

FAGEL N, ALLEMAN L, GRANINA L, et al., 2005. Vivianite formation and distribution in Lake Baikal sediments,Global Planet[J]. Change,46:315-336.

FAIRCHILD I J,BONNAND P,DAVIES T,et al.,2016. The Late Cryogenian warm interval, NE Svalbard: chemostratigraphy and genesis [J]. Precambrian Research, 281: 128-154.

FEHR M A,ANDERSSON P S,HåLENIUS U,et al.,2010. Iron enrichments and Fe isotopic compositions of surface sediments from the Gotland Deep,Baltic Sea[J]. Chemical Geology,277:310-322.

FENG D,BIRGEL D,PECKMANN J,et al.,2014. Time integrated variation of sources of fluids and seepage dynamics archived in authigenic carbonates from Gulf of Mexico Gas Hydrate Seafloor Observatory[J]. Chemical Geology,385:129-139.

FENG D,CHEN D,PECKMANN J,2009. Rare earth elements in seep carbonates as tracers of variable redox conditions at ancient hydrocarbon seeps[J]. Terra Nova,21:49-56.

FENG D,PENG Y,BAO H,et al.,2016. A carbonate-based proxy for sulfate-driven anaerobic oxidation of methane[J]. Geology,44:999-1002.

FENG D,QIU J W,HU Y,et al.,2018. Cold seep systems in the South China Sea:An overview[J]. Journal of Asian Earth Sciences,168:3-16.

FENG D, ROBERTS H H, CHENG H, et al., 2010. U/Th dating of cold-seep carbonates: an initial comparison [J]. Deep Sea Research Part II: Topical Studies in Oceanography,57:2055-2060.

FENG D,Roberts H,2011. Geochemical characteristics of the barite deposits at cold seeps from the northern Gulf of Mexico continental slope[J]. Earth and Planetary Science Letters,309(1/2):89-99.

FICHTNER V, STRAUSS H, IMMENHAUSER A, et al., 2017. Diagenesis of carbonate associated sulfate[J]. Chemical Geology,463:61-75.

FIELD L,MILODOWSKI A,SHAW R,et al.,2017. Unusual morphologies and the occurrence of pseudomorphs after ikaite ($CaCO_3 \cdot 6H_2O$) in fast growing, hyperalkaline speleothems[J]. Mineralogical Magazine,81:565-589.

FIKE D A,BRADLEY A S,ROSE C V,2015. Rethinking the ancient sulfur cycle[J]. Annual Review of Earth and Planetary Sciences,43(1):593-622.

FRANK T D, THOMAS S G, FIELDING C R, 2008. On using carbon and oxygen isotope data from glendonites as paleoenvironmental proxies:a case study from the Permian system of eastern Australia[J]. Journal of Sedimentary Research,78:713-723.

FRY B,RUF W,GEST H,et al.,1988. Sulfur isotope effects associated with oxidation of sulfide by O_2 in aqueous solution[J]. Chemical Geology,73:205-210.

GARMING J F L,BLEIL U,RIEDINGER N,2005. Alteration of magnetic mineralogy at the sulfate-methane transition:analysis of sediments from the Argentine continental slope [J]. Physics of the Earth & Planetary Interiors. Earth Planet. Inter,151(3/4):290-308.

GE L,JIANG S Y,2013. Sr isotopic compositions of cold seep carbonates from the South China Sea and the Panoche Hills (California, USA) and their significance in palaeooceanography[J]. Journal of Asian Earth Sciences,65:34-41.

GIESKES J,MAHN C,DAY S,et al. ,2005. A study of the chemistry of pore fluids and authigenic carbonates in methane seep environments: Kodiak Trench, Hydrate Ridge, Monterey Bay,and Eel River Basin[J]. Chemical Geology,220(3/4):329-345.

GINGELE F, DAHMKE A, 1994. Discrete barite particles and barium as tracers of paleoproductivity in south Atlantic sediments[J]. Paleoceanography,9(1):151-168.

GLASBY G P,2003. Potential impact on climate of the exploitation of methane hydrate deposits offshore[J]. Marine and Petroleum Geology,20:163-175.

GLASS J B, ORPHAN V J, 2012. Trace metal requirements for microbial enzymes involved in the production and consumption of methane and nitrous oxide [J]. Front Microbiol,3(61): 1-20.

GONG S,FENG D,PENG Y,et al. ,2021. Deciphering the sulfur and oxygen isotope patterns of sulfate-driven anaerobic oxidation of methane [J]. Chemical Geology, 581:120394.

GRASBY S E,MCCUNE G E,BEAUCHAMP B,et al. ,2017. Lower Cretaceous cold snaps led to widespread glendonite occurrences in the Sverdrup Basin,Canadian High Arctic [J]. GSA Bulletin,129:771-787.

GREGORY D D, LYONS T W, LARGE R R, et al. , 2017. Whole rock and discrete pyrite geochemistry as complementary tracers of ancient ocean chemistry:an example from the Neoproterozoic Doushantuo Formation, China[J]. Geochimica et Cosmochimica Acta, 216:201-220.

GREINERT J, BOLLWERK S M, DERKACHEV A, et al. , 2002. Massive barite deposits and carbonate mineralization in the Derugin Basin, Sea of Okhotsk: precipitation processes at cold seep sites[J]. Earth and Planetary Science Letters,203(1):165-180.

GUEGUEN B,ROUXEL O,PONZEVERA E,et al. ,2013. Nickel Isotope Variations in Terrestrial Silicate Rocks and Geological Reference Materials Measured by MC-ICP-MS[J]. Geostandards and Geoanalytical Research,37 (3):297-317.

GUEGUEN B, SORENSEN J V, LALONDE S V, et al. , 2018. Variable Ni isotope fractionation between Fe-oxyhydroxides and implications for the use of Ni isotopes as geochemical tracers[J]. Chem. Geol, 481:38-52.

GUPTA B K S,PLATON E,BERNHARD J M,et al. ,1997. Foraminiferal colonization of hydrocarbon-seep bacterial mats and underlying sediment,Gulf of Mexico slope[J]. The

Journal of Foraminiferal Research,27(4):292-300.

GUPTA B K S,2003. Modern Foraminifera[M]. London:Kluwer Academic Publishers.

HABICHT K S,CANFIELD D E,1997. Sulfur isotope fractionation during bacterial sulfate reduction in organic-rich sediments[J]. Geochimica et Cosmochimica Acta,61(24):5351-5361.

HAFFERT L, HAECKEL M, LIEBETRAU V, et al. , 2013. Fluid evolution and authigenic mineral paragenesis related to salt diapirism-The Mercator mud volcano in the Gulf of Cadiz[J]. Geochimica et Cosmochimica Acta,106:261-286.

HALLAM S J,GIRGUIS P R,PRESTON C M,et al. ,2003. Identification of methyl coenzyme M reductase A (mcrA) genes associated with methane-oxidizing archaea[J]. Applied & Environmental Microbiology,69:5483-5491.

HALVERSON G P,MALOOF A C,HOFFMAN P F,2004. The Marinoan glaciation (Neoproterozoic) in northeast Svalbard[J]. Basin Research,16:297-324.

HAN X,SUESS E,HUANG Y,et al. ,2008. Jiulong methane reef:microbial mediation of seep carbonates in the South China Sea[J]. Marine Geology,249(3/4):243-256.

HARMANDAS N G, NAVARRO E, KOUTSOUKOS P G, 1998. Crystal growth of pyrite in aqueous solutions. Inhibition by organophosphorus compounds[J]. Langmuir, 14(5):1250-1255.

HEILIG G K,1994. The greenhouse gas methane (CH_4):sources and sinks,the impact of population grown, possible interventions[J]. Population and Environment, 16(2):109-137.

HEIN J R,KOSKI R A,1987. Bacterially mediated diagenetic origin for chert-hosted manganese deposits in the Franciscan Complex,California Coast Ranges[J]. Geology, 15:722-726.

HELLER C,HOPPERT M,REITNER J,2008. Immunological localization of coenzyme M reductase in anaerobic methane-oxidizing archaea of ANME 1 and ANME 2 type[J]. Geomicrobiology Journal,25(3/4):149-156.

HENKEL S,KASTEN S,POULTON S W,et al. ,2016. Determination of the stable iron isotopic composition of sequentially leached iron phases in marine sediments[J]. Chemical Geology,421:93-102.

HENSEN C,ZABEL M,PFEIFER K,et al. ,2003. Control of sulfate pore-water profiles by sedimentary events and the significance of anaerobic oxidation of methane for the burial of sulfur in marine sediments[J]. Geochimica et Cosmochimica Acta,67(14):2631-2647.

HESSE R, HARRISON W E, 1981. Gas hydrates (clathrates) causing pore-water freshening and oxygen isotope fractionation in deep-water sedimentary sections of terrigenous continental margins[J]. Earth and Planetary Science Letters,55:453-462.

HIMMLER T, BACH W, BOHRMANN G, et al. , 2010. Rare earth elements in authigenic methane-seep carbonates as tracers for fluid composition during early diagenesis

[J]. Chemical Geology,277:126-136.

HINRICHS K U, HAYES J M, SYLVA S P, et al., 1999. Methane-consuming archaebacteria in marine sediments[J]. Nature,398:802-805.

HIRUTA A,SNYDER G T,TOMARU H,et al.,2009. Geochemical constraints for the formation and dissociation of gas hydrate in an area of high methane flux,eastern margin of the Japan Sea[J]. Earth and Planetary Science Letters,279:326-339.

HOAREAU G, MONNIN C, ODONNE F, 2011. The stability of gypsum in marine sediments using the entire ODP/IODP porewater composition database[J]. Marine Geology, 279(1):87-97.

HOFFMAN P F, SCHRAG D P, 2002. The snowball Earth hypothesis: testing the limits of global change[J]. Terra Nova,14(3):129-155.

HOLMKVIST L,FERDELMAN T G,JøRGENSEN B B,2011. A cryptic sulfur cycle driven by iron in the methane zone of marine sediment (Aarhus Bay, Denmark) [J]. Geochimica et Cosmochimica Act,75:3581-3599.

HONG W L,TORRES M E,KIM J H,et al.,2014. Towards quantifying the reaction network around the sulfate-methane-transition-zone in the Ulleung Basin,East Sea,with a kinetic modeling approach[J]. Geochimica et Cosmochimica Acta,140:127-141.

HU Y B,WOLTHERS M T,WOLF-GLADROW D A,et al.,2015. Effect of pH and phosphate on calcium carbonate polymorphs precipitated at near-freezing temperature[J]. Crystal Growth & Design,15:1596-1601.

HUGUEN C,FOUCHER J P,MASCLE J,et al.,2009. Menes caldera,a highly active site of brine seepage in the Eastern Mediterranean sea: "in situ" observations from the NAUTINIL expedition (2003)[J]. Marine Geology,261(1):138-152.

HUNGER S, BENNING L G, 2007. Greigite: a true intermediate on the polysulfide pathway to pyrite[J]. Geochemical Transactions,8(1):1-20.

INGRAM W C,MEYERS S R,SHEN Z,et al.,2016. Manganese enrichments near a large gas-hydrate and cold-seep field: a record of past redox and sedimentation events[J]. The Depositional Record,2:142-153.

JAMES N P, NARBONNE G M, DALRYMPLE R W, et al., 2005. Glendonites in Neoproterozoic low-latitude,interglacial,sedimentary rocks,northwest Canada: insights into the Cryogenian ocean and Precambrian cold-water carbonates[J]. Geology,33:9-12.

JAMES N P, NARBONNE G M, KYSER T K, 2001. Late Neoproterozoic cap carbonates: Mackenzie Mountains, northwestern Canada: precipitation and global glacial meltdown[J]. Canadian Journal of Earth Sciences,38(8):1229-1262.

JENSEN H S,MORTENSEN P B,ANDERSEN F,et al.,1995. Phosphorus cycling in a coastal marine sediment,Aarhus Bay,Denmark,Limnol[J]. Oceanogr,40:908-917.

JIANG G,KENNEDY M J,CHRISTIE-BLICK N,2003. Stable isotopic evidence for methane seeps in Neoproterozoic postglacial cap carbonates[J]. Nature,426:822-826.

JIANG G, KENNEDY M J, CHRISTIE-BLICK N, et al., 2006. Stratigraphy, sedimentary structures, and textures of the late Neoproterozoic Doushantuo cap carbonate in South China[J]. Journal of Sedimentary Research, 76: 978-995.

JIN M, FENG D, HUANG K, et al., 2021. Behavior of Mg isotopes during precipitation of methane-derived carbonate: evidence from tubular seep carbonates from the South China Sea[J]. Chemical Geology, 567: 120101.

JOHNSON C M, BEARD B L, RODEN E E, 2008. The iron isotope fingerprints of redox and biogeochemical cycling in modern and ancient Earth[J]. Annual Review of Earth & Planetary Sciences, 36(1): 457-493.

JOHNSTON D T, FARQUHAR J, WING B A, et al., 2005. Multiple sulfur isotope fractionations in biological systems: a case study with sulfate reducers and sulfur disproportionators[J]. American Journal of Science, 305(6/8): 645-660.

JONES D S, FIKE D A, 2013. Dynamic sulfur and carbon cycling through the end-Ordovician extinction revealed by paired sulfate-pyrite $\delta^{34}S$[J]. Earth and Planetary Science Letters, 363: 144-155.

JOSHI R K, MAZUMDAR A, PEKETI A, et al., 2014. Gas hydrate destabilization and methane release events in the Krishna-Godavari Basin, Bay of Bengal [J]. Marine and Petroleum Geology, 58: 476-489.

JØRGENSEN B B, 1982. Mineralization of organic matter in the sea bed: the role of sulphate reduction[J]. Nature, 296: 643-645.

JØRGENSEN B B, BÖTTCHER M E, LÜSCHEN H, et al., 2004. Anaerobic methane oxidation and a deep H_2S sink generate isotopically heavy sulfides in Black Sea sediments [J]. Geochimica et Cosmochimica Acta, 68(9): 2095-2118.

JØRGENSEN B B, FINDLAY A J, PELLERIN A, 2019. The biogeochemical sulfur cycle of marine sediments[J]. Frontiers in. Microbiology, 10: 849-875.

JØRGENSEN B, KASTEN S, 2006. Sulfur cycling and methane oxidation [M]// SCHULZ H, ZABEL M, Marine geochemistry. Berlin: Springer.

KENNEDY M J, CHRISTIE-BLICK N, SOHL L E, 2001. Are Proterozoic cap carbonates and isotopic excursions a record of gas hydrate destabilization following Earth's coldest intervals? [J]. Geology, 29: 443-446.

KENNEDY M, MROFKA D, VON DER BORCH C, 2008. Snowball Earth termination by destabilization of equatorial permafrost methane clathrate[J]. Nature, 453: 642-645.

KENNETT J P, CANNARIATO K G, HENDY I L, et al., 2000. Carbon isotopic evidence for methane hydrate instability during quaternary interstadials[J]. Science, 288: 128-133.

KLEIKEMPER J, SCHROTH M H, BERNASCONI S M, et al., 2004. Sulfur isotope fractionation during growth of sulfate-reducing bacteria on various carbon sources [J]. Geochimica et Cosmochimica Acta, 68: 4891-4904.

KNITTEL K, BOETIUS A, 2009. Anaerobic oxidation of methane: progress with an unknown process[J]. Annu Rev Microbiol, 63(1):311-334.

KOCHERLA M, 2013. Authigenic gypsum in gas-hydrate associated sediments from the east coast of india (bay of bengal)[J]. Acta Geologica Sinica (English Edition), 87(3): 749-760.

KOPF A J, 2003. Global methane emission through mud volcanoes and its past and present impact on the Earth's climate[J]. International Journal of Earth Sciences, 92: 806-816.

KOSKI R A, LONSDALE P F, SHANKS W C, et al., 1985. Mineralogy and geochemistry of a sediment-hosted hydrothermal sulfide deposit from the Southern Trough of Guaymas Basin, Gulf of California[J]. Journal of Geophysical Research Solid Earth, 90 (8):6695-6707.

KRYLOV A A, LOGVINA E A, MATVEEVA T V, et al., 2015. Ikaite ($CaCO_3 \cdot 6H_2O$) in bottomsediments of the Laptev Sea and the role of anaerobic methane oxidation in this mineral-forming process [J]. Zapiski RMO (Transaction of the Russian Mineralogical Society), 4:61-75.

KUMP L R, ARTHUR M A, PATZKOWSKY M E, et al., 1999. A weathering hypothesis for glaciation at high atmospheric pCO_2 during the Late Ordocician [J]. Palaeogeography, Palaeoclimatology, Palaeoecolgy, 152(1/2): 173-187.

KVENVOLDEN K A, LORENSON T, 2013. The global occurrence of natural gas hydrate [M]// PAULL C K, DILLON W P. Natural gas hydrates: occurrence, distribution, and detection. Washington, DC: American Geophysical Union.

KVENVOLDEN K A, 1993. Gas hydrates-geological perspective and global change[J]. Reviews of Geophysics, 31(2):173-187.

LANDING W M, LEWIS B L, 1991. Thermodynamic modelling of trace metal speciation in the Black Sea[M]// IZDAR E, MURRAY J W. Black Sea oceanography. Berlin: Springer.

LARGE R R, HALPIN J A, DANYUSHEVSKY L V, et al., 2014. Trace element content of sedimentary pyrite as a new proxy for deep-time ocean-atmosphere evolution[J]. Earth and Planetary Science Letters, 389:209-220.

LAROWE D E S, ARNDT J A, BRADLEY J A, et al., 2020. The fate of organic carbon in marine sediments: new insights from recent data and analysis[J]. Earth Science Review, 204:103146.

LAVOIE D, PINET N, DUCHESNE M, et al., 2010. Methane-derived authigenic carbonates from active hydrocarbon seeps of the St. Lawrence Estuary, Canada[J]. Marine and Petroleum Geology, 27:1262-1272.

LEAVITT W D, HALEVY I, BRADLEY A S, et al., 2013. Influence of sulfate reduction rates on the Phanerozoic sulfur isotope record[J]. Proceedings of the National Academy of Sciences, 110(28):11 244-11 249.

LELIEVELD J, CRUTZEN P J, BRUEHL C, 1993. Climate effects of atmosphere methane[J]. Chemosphere,26(1/4):739-768.

LI C,LOVE G D,LYONS T W,et al.,2010. A stratified redox model for the Ediacaran ocean[J]. Science,328:80-83.

LI J,YE J,QIN X,et al.,2018. The first offshore natural gas hydrate production test in South China Sea[J]. China Geology,1:5-16.

LI Q, WANG J,CHEN J,et al.,2010. Stable carbon isotopes of benthic foraminifers from IODP Expedition 311 as possible indicators of episodic methane seep events in a gas hydrate geosystem[J]. PALAIOS,25:671-681.

LI Y P, JIANG S Y, 2016. Sr isotopic compositions of the interstitial water and carbonate from two basins in the Gulf of Mexico: Implications for fluid flow and origin[J]. Chemical Geology,439:43-51.

LIM Y C, LIN S, YANG T F, et al., 2011. Variations of methane induced pyrite formation in the accretionary wedge sediments offshore southwestern Taiwan[J]. Marine and Petroleum Geology,28(10):1829-1837.

LIN Q, WANG J S, ALGEO T J, et al., 2016b. Formation mechanism of authigenic gypsum in marine methane hydrate settings: Evidence from the northern South China Sea [J]. Deep Sea Research Part I Oceanographic Research Papers,115:210-220.

LIN Q,WANG J S,FU S Y,et al.,2015. Elemental sulfur in northern South China Sea sediments and its significance[J]. Science China:Earth Sciences,58(12):2271-2278.

LIN Q, WANG J, ALGEO T J, et al., 2016a. Enhanced framboidal pyrite formation related to anaerobic oxidation of methane in the sulfate-methane transition zone of the northern South China Sea[J]. Marine Geology,379:100-108.

LIN Q,WANG J,TALADAY K,et al.,2016c. Coupled pyrite concentration and sulfur isotopic insight into the paleo sulfate methane transition zone (SMTZ) in the northern South China Sea[J]. Journal of Asia Earth Sciences,115(1):547-556.

LIN Z,SUN X,LU Y,et al.,2017. The enrichment of heavy iron isotopes in authigenic pyrite as a possible indicator of sulfate-driven anaerobic oxidation of methane: insights from the South China Sea[J]. Chemical Geology,449:15-29.

LIN Z,SUN X,PECKMANN J,et al.,2016. How sulfate-driven anaerobic oxidation of methane affects the sulfur isotopic composition of pyrite: a SIMS study from the South China Sea[J]. Chemical Geology,440:26-41.

LIN Z, SUN X, STRAUSS H, et al., 2021. Molybdenum isotope composition of seep carbonates: constraints on sediment biogeochemistry in seepage environments [J]. Geochimica et Cosmochimica Acta,307:56-71.

LISIECKI L E, RAYMO M E, 2005. A Pliocene-Pleistocene stack of 57 globally distributed benthic $\delta^{18}O$ records[J]. Paleoceanography,20(1):1-17.

LIU C ,ZHAO Q ,LIU Z, et al., 2023. Development and testing of a high-resolution three-dimensional seismic detection system for gas hydrate[J]. Journal of Marine Science and Engineering, 11(1): 1-13.

LIU C L, MENG Q G, HE X L, et al., 2015. Characterization of natural gas hydrate recovered from Pearl River Mouth basin in South China Sea[J]. Marine and Petroleum Geology, 61: 14-21.

LIU D, XU Y, PAPINEAU D, et al., 2019. Experimental evidence for abiotic formation of low-temperature proto-dolomite facilitated by clay minerals [J]. Geochimica et Cosmochimica Acta, 247: 83-95.

LIU J, ANTLER G, PELLERIN A, et al., 2021. Isotopically "heavy" pyrite in marine sediments due to high sedimentation rates and non-steady-state deposition[J]. Geology, 49: 816-821.

LIU J, IZON G, WANG J, et al., 2018. Vivianite formation in methane-rich deep-sea sediments from the South China Sea[J]. Biogeosciences, 15(20): 6329-6348.

LIU J, PELLERIN A, IZON G, et al., 2020. The multiple sulphur isotope fingerprint of a sub-seafloor oxidative sulphur cycle driven by iron [J]. Earth and Planetary Science Letters, 536: 116165.

LIU K, WU L L, COUTURE R M, et al., 2015. Iron isotope fractionation in sediments of an oligotrophic freshwater lake[J]. Earth and Planetary Science Letters, 423: 164-172.

LIU X T, LI A C, DONG J, et al., 2018. Nonevaporative origin for gypsum in mud sediments from the East China Sea shelf[J]. Marine Chemistry, 205: 90-97.

LOYD S J, SAMPLE J, TRIPATI R E, et al., 2016. Methane seep carbonates yield clumped isotope signatures out of equilibrium with formation temperatures [J]. Nature Communications, 7: 12274.

LU Y, SUN X, XU H, et al., 2018. Formation of dolomite catalyzed by sulfate-driven anaerobic oxidation of methane: mineralogical and geochemical evidence from the northern South China Sea[J]. American Mineralogist, 103: 720-734.

LU Y, YANG X, LIN Z, et al., 2021. Reducing microenvironments promote incorporation of magnesium ions into authigenic carbonate forming at methane seeps: constraints for dolomite formation[J]. Sedimentology, 68: 2945-2964.

LUTHER G W, 1991. Pyrite synthesis via polysulfide compounds[J]. Geochimica et Cosmochimica Acta, 55(10): 2839-2849.

MANGALO M, MECKENSTOCK R U, STICHLER W, et al., 2007. Stable isotope fractionation during bacterial sulfate reduction is controlled by reoxidation of intermediates [J]. Geochimica et Cosmochimica Acta, 71(17): 4161-4171.

MARLAND G, 1975. The stability of $CaCO_3 \cdot 6H_2O$ (ikaite) [J]. Geochimica et Cosmochimica Acta, 39: 83-91.

MÄRZ C, RIEDINGER N, SENA C, et al., 2018. Phosphorus dynamics around the sulphate-methane transition in continental margin sediments: Authigenic apatite and Fe(II) phosphates[J]. Marine Geology,404:84-96.

MATSUMOTO R,1989. Isotopically heavy oxygen-containing siderite derived from the decomposition of methane hydrate[J]. Geology,17:707-710.

MAYR S,LATKOCZY C,KRÜGER M,et al. ,2008. Structure of an F430 variant from archaea associated with anaerobic oxidation of methane [J]. Journal of the American Chemical Society,130:10 758-10 767.

MAZUMDAR A,PEKETI A,JOAO H,et al. ,2012. Sulfidization in a shallow coastal depositional setting:Diagenetic and palaeoclimatic implications[J]. Chemical Geology(322/323):68-78.

MCQUAY E L,TORRES M E,COLLIER R W,et al. ,2008. Contribution of cold seep barite to the barium geochemical budget of a marginal basin[J]. Deep Sea Research Part I Oceanographic Research Papers,55(6):801-811.

MEISTER P,REYES C,2019. The carbon-isotope record of the sub-seafloor biosphere [J]. Geoscience,9(12):1-25.

MILKOV A V, VOGT P R, CRANE K, et al. , 2004. Geological, geochemical and microbial processes at the hydrate-bearing Kaekon Mosby mud volcano: a review [J]. Chemical Geology,205 (3/4):347-366.

MOHAMED K J, REY D, RUBIO B. et al. , 2011. Onshore-offshore gradient in reductive early diagenesis in coastal marine sediments of the Ria De Vigo,Northwest Iberian Peninsula[J]. Continental Shell Research,31(5):433-447.

MONNIN C, 1999. A thermodynamic model for the solubility of barite and celestite in electrolyte solutions and seawater to 200℃ and to 1 kbar[J]. Chemical Geology,153(1):187-209.

MOORE T S,MURRAY R W,KURTZ A C,et al. ,2004. Anaerobic methane oxidation and the formation of dolomite[J]. Earth and Planetary Science Letters,229:141-154.

MORALES C,ROGOV M,WIERZBOWSKI H,et al. ,2017. Glendonites track methane seepage in Mesozoic polar seas[J]. Geology,45:503-506.

NAEHR T H,STAKES D S,MOORE W S,2000. Mass wasting,ephemeral fluid flow, and barite deposition on the California continental margin[J]. Geology,28(4):315-318.

NERETIN L N,BOETTCHER M E,JØRGENSEN B B,2004. Pyritization processes and greigite formation in the advancing sulfidization front in the upper Pleistocene sediments of the Black Sea[J]. Geochimica et Cosmochimica Acta,68:2081-2093.

NEUMANN T,HEISER U,LEOSSON M A,et al. ,2002. Early diagenetic processes during Mn-carbonate formation: evidence from the isotopic composition of authigenic Ca-rhodochrosites of the Baltic Sea[J]. Geochimica et Cosmochimica Acta,66:867-879.

NIEWÖHNER C, HENSEN C, KASTEN S, et al. , 1998. Deep sulfate reduction completely mediated by anaerobic methane oxidation in sediments of the upwelling area off Namibia[J]. Geochimica et Cosmochimica Acta,62(3):455-464.

NOVIKOVA S A,SHNYUKOV Y F,SOKOL E V,et al. ,2015. A methane-derived carbonate build-up at a cold seep on the Crimean slope, north-western Black Sea[J]. Marine Geology, 363: 160-173.

NOVOSEL I, SPENCE G D, HYNDMAN R D, 2005. Reduced magnetization produced by increased methane flux at a gas hydrate vent[J]. Marine Geology, 216(4): 265-274.

ONO S, WING B, JOHNSTON D, et al., 2006. Mass-dependent frac-tionation of quadruple stable sulfur isotope system as a new tracer of sulfur biogeochemical cycles[J]. Geochimica et Cosmochimica Acta, 70: 2238-2252.

ORPHAN V J, HOUSE C H, HINRICHS K U, et al., 2002. Multiple archaeal groups mediate methane oxidation in anoxic cold seep sediments[J]. Proceeding of the National Academy of Sciences of the USA, 99(11): 7663-7668.

PANIERI G, LEPLAND A, WHITEHOUSE M J, et al., 2017. Diagenetic Mg-calcite overgrowths on foraminiferal tests in the vicinity of methane seeps[J]. Earth and Planetary Science Letters, 458: 203-212.

PAPADIMITRIOU S, KENNEDY H, KENNEDY P, et al., 2014. Kinetics of ikaite precipitation and dissolution in seawater-derived brines at sub-zero temperatures to 265 K [J]. Geochimica et Cosmochimica Acta, 140: 199-211.

PASQUIER V, SANSJOFRE P, RABINEAU M, et al., 2017. Pyrite sulfur isotopes reveal glacial-interglacial environmental changes[J]. Proceeding of the National Academy of Sciences of the USA, 114(23): 5941-5945.

PASSEY B H, HENKES G A, 2012. Carbonate clumped isotope bond reordering and geospeedometry[J]. Earth and Planetary Science Letters(351/352): 223-236.

PAYTAN A, KASTNER M, MARTIN E E, et al., 1993. Marine barite as a monitor of seawater strontium isotope composition[J]. Nature, 366(6454): 445-449.

PAYTAN A, MEARON S, COBB K, et al., 2002. Origin of marine barite deposits: Sr and S isotope characterization[J]. Geology, 30(8): 747-750.

PECKMANN J, 2017. Unleashing the potential of glendonite: A mineral archive for biogeochemical processes and paleoenvironmental conditions[J]. Geology, 45: 575-576.

PECKMANN J, GISCHLER E, OSCHMANN W, et al., 2001b. An Early Carboniferous seep community and hydrocarbon-derived carbonates from the Harz Mountains, Germany [J]. Geology, 29: 271-274.

PECKMANN J, KIEL S, SANDY M R, et al., 2011. Mass occurrences of the brachiopod *Halorella* in Late Triassic methane-seep deposits, Eastern Oregon [J]. The Journal of Geology, 119: 207-220.

PECKMANN J, LITTLE C T S, GILL F, et al., 2005. Worm tube fossils from the Hollard Mound hydrocarbon-seep deposit, Middle Devonian, Morocco: Palaeozoic seep-related vestimentiferans? [J]. Palaeogeography, Palaeoclimatology, Palaeoecology, 227: 242-257.

PECKMANN J, REIMER A, LUTH U, et al., 2001a. Methane-derived carbonates and authigenic pyrite from the northwestern Black Sea[J]. Marine Geology,177:129-150.

PECKMANN J,THIEL V,2004. Carbon cycling at ancient methane-seeps[J]. Chemical Geology,205:443-467.

PECKMANN J, WALLISER O, RIEGEL W, et al. , 1999. Signatures of hydrocarbon venting in a Middle Devonian Carbonate Mound (Hollard Mound) at the Hamar Laghdad (Antiatlas,Morocco)[J]. Facies,40:281-296.

PEKETI A,JOSHI R K,PATIL D J,et al. ,2012. Tracing the Paleo sulfate-methane transition zones and H_2S seepage events in marine sediments: An application of C-S-Mo systematics[J]. Geochemistry,Geophysics,Geosystems,13(10):10007.

PELLERIN A,ANTLER G,RØY H,et al. ,2018. The sulfur cycle below the sulfate-methane transition of marine sediments[J]. Geochimica et Cosmochimica Acta,239:74-89.

PENG X,GUO Z,CHEN S,et al. ,2017. Formation of carbonate pipes in the northern Okinawa Trough linked to strong sulfate exhaustion and iron supply[J]. Geochimica et Cosmochimica Acta,205:1-13.

PENG Y,BAO H,JIANG G,et al. ,2022. A transient peak in marine sulfate after the 635-Ma snowball Earth[J]. Proceedings of the National Academy of Sciences. 119(19):1-7.

PENG Y,BAO H,ZHOU C,et al. ,2011. ^{17}O-depleted barite from two Marinoan cap dolostone sections,South China[J]. Earth and Planetary Science Letters,305(1/2):21-31.

PETRASH D A, BIALIK O M, BONTOGNALI T R R, et al. , 2017. Microbially catalyzed dolomite formation:from near-surface to burial[J]. Earth-Science Reviews,171:558-582.

PIERRE C,BLANC-VALLERON M M,CAQUINEAU S,et al. ,2016. Mineralogical, geochemical and isotopic characterization of authigenic carbonates from the methane-bearing sediments of the Bering Sea continental margin (IODP Expedition 323,Sites U1343-U1345)[J]. Deep Sea Research Part II:Topical Studies in Oceanography(125/126):133-144.

PIERRE C,ROUCHY J M,BLANC-VALLERON M M,et al. ,2015. Methanogenesis and clay minerals diagenesis during the formation of dolomite nodules from the Tortonian marls of southern Spain[J]. Marine and Petroleum Geology,66:606-615.

PIERRE C,2017. Origin of the authigenic gypsum and pyrite from active methane seeps of the southwest African Margin[J]. Chemical Geology,449:158-164.

PIPER D Z,PERKINS R B,2004. A modern vs. Permian black shales:the hydrography, primary productivity,and water-column chemistry of deposition[J]. Chemical Geology,206:177-197.

PIRLET H,WEHRMANN L M,BRUNNER B,et al. ,2010. Diagenetic formation of gypsum and dolomite in a cold-water coral mound in the Porcupine Seabight,off Ireland[J]. Sedimentology,57(3):786-805.

PU J P, BOWRING S A, RAMEZANI J, et al. , 2016. Dodging snowballs: Geochronology of the Gaskiers glaciation and the first appearance of the Ediacaran biota[J].

Geology,44:955-958.

RAMKUMAR M,HARTING M,STUEBEN D,2005. Barium anomaly preceding K/T boundary:possible causes and implications on end Cretaceous events of K/T sections in Cauvery basin (India),Israel,NE-Mexico and Guatemala[J]. International Journal of Earth Sciences,94(3):475-489.

RATHBURN A E, CORLISS B H, TAPPA K D, et al. , 1996. Comparisons of the ecology and stable isotopic compositions of living (stained) benthic foraminifera from the Sulu and South China Seas[J]. Deep-Sea Research I,43(10):1617-1646.

REEBURGH W S,2007. Oceanic methane biogeochemistry[J]. Chemical Reviews,107:486-513.

RICKARD D, 1997. Kinetics of pyrite formation by the H_2S oxidation of iron (Ⅱ) monosulfide in aqueous solutions between 25 and 125℃:the rate equation[J]. Geochimica et Cosmochimica Acta,61(1):115-134.

RICKARD D,1995. Kinetics of FeS precipitation:Part 1. Competing reaction mechanisms[J]. Geochimica et Cosmochimica Acta,59(21):4367-4379.

RIEDINGER N, KASTEN S, GRöGER J, et al. , 2006. Active and buried authigenic barite fronts in sediments from the Eastern Cape Basin[J]. Earth and Planetary Science Letters,241(3):876-887.

RIES J B,FIKE D A,PRATT L M,et al. ,2009. Super-heavy pyrite ($\delta^{34}S_{pyr} > \delta^{34}S_{CAS}$) in the terminal Proterozoic Nama Group,Southern Namibia:a consequence of low seawater sulfate at the dawn of animal life[J]. Geology,37(8):743-746.

ROGALA B, JAMES N P, REID C M, 2007. Deposition of polar carbonates during interglacial highstands on an Early Permian shelf, Tasmania[J]. Journal of Sedimentary Research,77:587-606.

ROGOV M, ERSHOVA V, VERESHCHAGIN O, et al. , 2021. Database of global glendonite and ikaite records throughout the Phanerozoic[J]. Earth System Science Data,13(2):343-356.

ROTHE M,FREDERICHS T,EDER M,et al. ,2014. Evidence for vivianite formation and its contribution to long-term phosphorus retention in a recent lake sediment:a novel analytical approach[J]. Biogeosciences,11:5169-5180.

ROUXEL O,SHOLKOVITZ E,CHARETTE M,et al. ,2008. Iron isotope fractionation in subterranean estuaries[J]. Geochimica et Cosmochimica Acta,72:3413-3430.

ROWAN C J, ROBERTS A P, 2006. Magnetite dissolution, diachronous greigite formation, and secondary magnetizations from pyrite oxidation: Unravelling complex magnetizations in Neogene marine sediments from New Zealand[J]. Earth and Planetary Science Letters,241(1/2):119-137.

ROWAN C J, ROBERTS A P, Broadbent T, 2009. Reductive diagenesis, magnetite dissolution,greigite growth and paleomagnetic smoothing in marine sediments:a new view

[J]. Earth and Planetary Science Letters,277(1/2):223-235.

RUPPEL C D, KESSLER J D, 2017. The interaction of climate change and methane hydrates[J]. Reviews of Geophysics,55(1):126-168.

RUTTENBERG K C, BERNER R A, 1993. Authigenic apatite formation and burial in sediments from non-upwelling, continental margin environments [J]. Geochimica et Cosmochimica Acta,57:991-1007.

SAPOTA T, ALDAHAN A, AL-AASM I S, 2006. Sedimentary facies and climate control on formation of vivianite and siderite microconcretions in sediments of Lake Baikal, Siberia[J]. Journal of Paleolimnology,36(3):245-257.

SASSEN R, ROBERTS H H, CARNEY R, et al., 2004. Free hydrocarbon gas, gas hydrate, and authigenic minerals in chemosynthetic communities of the northern Gulf of Mexico continental slope: relation to microbial processes[J]. Chemical Geology, 205(3): 195-217.

SCHELLER E L, GROTZINGER J, INGALLS M, 2022. Guttulatic calcite: a carbonate microtexture that reveals frigid formation conditions[J]. Geology,50:48-53.

SCHELLER S, GOENRICH M, BOECHER R, et al., 2010. The key nickel enzyme of methanogenesis catalyses the anaerobic oxidation of methane[J]. Nature, 465(7298): 606-608.

SCHIPPERS A, JØRGENSEN B B, 2002. Biogeochemistry of pyrite and iron sulfide oxidation in marine sediments[J]. Geochimica et Cosmochimica Acta,66(1):85-92.

SCHIPPERS A, JØRGENSEN B B, 2001. Oxidation of pyrite and iron sulfide by manganese dioxide in marine sediments[J]. Geochimica et Cosmochimica Acta, 65(6): 915-922.

SCHLANGER S O, DOUGLAS R G, 1974. The pelagic ooze-chalk-limestone transition and its implication for marine stratigraphy[M]// HSÜ K J, JENKYNS H C. Pelagic sediments: on land and under the sea. London: Blackwell Scientific Publications.

SCHNITKER D, MAYER L M, NORTON S, 1980. Loss of calcareous microfossils from sediments through gypsum formation[J]. Marine Geology,36(3):35-44.

SCHOLZ F, SEVERMANN S, MCMANUS J, et al., 2014. On the isotope composition of reactive iron in marine sediments: redox shuttle versus early diagenesis[J]. Chemical Geology,389:48-59.

SCHRAG D P, HIGGINS J A, MACDONALD F A, 2013. Authigenic carbonate and the history of the global carbon cycle[J]. Science,339:540-543.

SELLECK B W, CARR P F, JONES B G, 2007. A review and synthesis of glendonites (pseudomorphs after ikaite) with new data: Assessing applicability as recorders of ancient coldwater conditions[J]. Journal of Sedimentary Research,77:980-991.

SEVERMANN S, JOHNSON C M, BEARD B L, et al., 2006. The effect of early diagenesis on the Fe isotope compositions of porewaters and authigenic minerals in continental margin sediments[J]. Geochimica et Cosmochimica Acta, 70: 2006-2022.

SHEN W, LIN Y, XU L, et al., 2007. Pyrite framboids in the Permian-Triassic boundary section at Meishan, China: evidence for dysoxic deposition [J]. Palaeogeography, Palaeoclimatology, Palaeoecology, 253(3): 323-331.

SHEN Y, BUICK R, 2004. The antiquity of microbial sulfate reduction [J]. Earth-Science Reviews, 64(3/4): 243-272.

SHI W, LI C, LUO G, et al., 2018. Sulfur isotope evidence for transient marine-shelf oxidation during the Ediacaran Shuram Excursion[J]. Geology, 46(3): 267-270.

SHIELDS G A, DEYNOUX M, STRAUSS H, et al., 2007. Barite-bearing cap dolostones of the Taoudéni Basin, northwest Africa: sedimentary and isotopic evidence for methane seepage after a Neoproterozoic glaciation [J]. Precambrian Research, 153 (3/4): 209-235.

SHIKAZONO N, 1994. Precipitation mechanisms of barite in sulfate-sulfide deposits in back-arc basins[J]. Geochimica et Cosmochimica Acta, 58(10): 2203-2213.

SIESSER W G, ROGERS J, 1976. Authigenic pyrite and gypsum in South West African continental slope sediments[J]. Sedimentology, 23(4): 567-577.

SIM M S, BOSAK T, AND ONO S, 2011a. Large Sulfur Isotope Fractionation Does Not Require Disproportionation[J]. Science, 333: 74-77.

SIM M S, ONO S, DONOVAN K, et al., 2011b. Effect of electron donors on the fractionation of sulfur isotopes by a marine Desulfovibrio sp[J]. Geochimica et Cosmochimica Acta, 75: 4244-4259.

SIVAN O, ADLER M, PEARSON A, et al., 2011. Geochemical evidence for iron-mediated anaerobic oxidation of methane, Limnol[J]. Oceanogr, 56: 1536-1544.

SLOAN E D, 1998. Clathrate Hydrates of Natural Gas [M]. 2nd ed. New York: Marcel Dekker.

SLOAN E D, 2003. Fundamental principles and applications of natural gas hydrates[J]. Nature, 426: 353-359.

SMRZKA D, FENG D, HIMMLER T, et al., 2020. Trace elements in methane-seep carbonates: Potentials, limitations, and perspectives[J]. Earth-Science Reviews, 208: 103263.

SMRZKA D, ZWICKER J, BACH W, et al., 2019. The behavior of trace elements in seawater, sedimentary pore water, and their incorporation into carbonate minerals: a review [J]. Facies, 65(41): 1-47.

SMRZKA D, ZWICKER J, KLüGEL A, et al., 2016. Establishing criteria to distinguish oil-seep from methane-seep carbonates[J]. Geology, 44: 667-670.

SOBANAA M, PRATHIVIRAJ R, SELVIN J, et al., 2024. A comprehensive review on methane's dual role: effects in climate change and potential as a carbon-neutral energy source [J]. Environmental Science Pollution Research, 31: 10 379-10 394.

STAUBWASSER M, VON BLANCKENBURG F, SCHOENBERG R, 2006. Iron

isotopes in the early marine diagenetic iron cycle[J]. Geology,34:629-632.

SUESS E,2010. Marine cold seeps[M]// TIMMIS K N. Handbook of hydrocarbon and lipid microbiology,vol 1(Part 3). Berlin:Springer.

SUESS E,BALZER W,HESSE K F,et al. ,1982. Calcium carbonate hexahydrate from organic-rich sediments of the Antarctic shelf: precursors of glendonites[J]. Science, 216: 1128-1131.

SUESS E, TORRES M E, BOHRMANN G, et al. , 1999. Gas hydrate destabilization: enhanced dewatering, benthic material turnover and large methane plumes at the Cascadia convergent margin[J]. Earth and Planetary Science Letters,170(1):1-15.

SUN F,HU W,WANG X,et al. ,2021. Methanogen microfossils and methanogenesis in Permian lake deposits[J]. Geology,49:13-18.

SUN R, CHAN M K Y, CEDER G, 2011. First-principles electronic structure and relative stability of pyrite and marcasite: implications for photovoltaic performance[J]. Physical Review B,83(23):1-12.

SUN Y,FENG D,SMRZKA D,et al. ,2021. Uptake of trace elements into authigenic carbonate at a brine seep in the northern Gulf of Mexico[J]. Chemical Geology,582:120442.

SWAINSON I P, HAMMOND R P, 2001. Ikaite, $CaCO_3 \cdot 6H_2O$: cold comfort for glendonites as paleothermometers[J]. American Mineralogist,86:1530-1533.

TAKAHASHI S,YAMASAKI S I,OGAWA K,et al. ,2015. Redox conditions in the end-early Triassic Panthalassa[J]. Palaeogeography,Palaeoclimatology,Palaeoecology,432: 15-28.

TANG D,SHI X,JIANG G,et al. ,2018. Stratiform siderites from the Mesoproterozoic Xiamaling Formation in North China:Genesis and environmental implications[J]. Gondwana Research,58:1-15.

TAYLOR K G,MACQUAKER J H S,2011. Iron minerals in marine sediments record chemical environments[J]. Elements,7:113-118.

TEICHERT B M A,GUSSONE N,EISENHAUER A,et al. ,2005. Clathrites:archives of near-seafloor pore-fluid evolution ($\delta^{44/40}Ca$, $\delta^{13}C$, $\delta^{18}O$) in gas hydrate environments[J]. Geology,33:213-216.

TEICHERT B M A,GUSSONE N,TORRES M E,2009. Controls on calcium isotope fractionation in sedimentary porewaters[J]. Earth and Planetary Science Letters, 279: 373-382.

TEICHERT B M A,LUPPOLD F W,2013. Glendonites from an Early Jurassic methane seep: climate or methane indicators? [J]. Palaeogeography, Palaeoclimatology, Palaeoecology,390:81-93.

THAMDRUP B, 2000. Bacterial manganese and iron reduction in aquatic sediments [M]// SCHINK B. Advances in microbial ecology. Boston:Springer.

THAMDRUP B,FINSTER K,HANSEN J W,et al. ,1993. Bacterial disproportionation of elemental sulfur coupled to chemical reduction of iron or manganese[J]. Applied and Environmental Microbiology,59(1):101-108.

THIAGARAJAN N,CRÉMIÈRE A,BLÄTTLER C,et al.,2020. Stable and clumped isotope characterization of authigenic carbonates in methane cold seep environments[J]. Geochimica et Cosmochimica Acta,279:204-219.

THODE H G, MONSTER J, 1965. Sulfur-isotope geochemistry of petroleum, evaporites,and ancient seas[J]. AAPG Bulletin,47 (12):2076.

TONG H,FENG D,CHENG H,et al.,2013. Authigenic carbonates from seeps on the northern continental slope of the South China Sea: new insights into fluid sources and geochronology[J]. Marine and Petroleum Geology,43:260-271.

TONG H,FENG D,PECKMANN J,et al.,2019. Environments favoring dolomite formation at cold seeps:A case study from the Gulf of Mexico[J]. Chemical Geology,518:9-18.

TONG H,WANG Q,PECKMANN J,et al.,2016. Diagenetic alteration affecting $\delta^{18}O$, $\delta^{13}C$ and $^{87}Sr/^{86}Sr$ signatures of carbonates:A case study on Cretaceous seep deposits from Yarlung-Zangbo Suture Zone,Tibet,China[J]. Chemical Geology,444:71-82.

TORRES M E, BOHRMANN G, TE DUBé, et al., 2003. Formation of modern and Paleozoic stratiform barite at cold methane seeps on continental margins[J]. Geology, 32 (10):64-65.

TORRES M E, BRUMSACK H J, BOHRMANN G, et al., 1996. Barite fronts in continental margin sediments: a new look at barium remobilization in the zone of sulfate reduction and formation of heavy barites in diagenetic fronts[J]. Chemical Geology, 127(1/3):125-139.

TORRES M E,HONG W L,SOLOMON E A,et al.,2020. Silicate weathering in anoxic marine sediment as a requirement for authigenic carbonate burial[J]. Earth-Science Reviews, 200:102960.

TORRES M E,MARTIN R A,KLINKHAMMER G P,et al.,2010. Post depositional alteration of foraminiferal shells in cold seep settings:New insights from flow-through time-resolved analyses of biogenic and inorganic seep carbonates[J]. Earth and Planetary Science Letters,299(1/2):10-22.

TORRES M E,MCMANUS J,HUH C A,2002. Fluid seepage along the San Clemente Fault scarp: basin-wide impact on barium cycling[J]. Earth and Planetary Science Letters, 203(1):181-194.

TORRES M E,MIX A C,KINPORTS K,et al.,2003. Is methane venting at the seafloor recorded by $\delta^{13}C$ of benthic foraminifera shells? [J]. Paleoceanography,18(3):1-13.

TREUDE T, KRAUSE S, MALTBY J, et al., 2014. Sulfate reduction and methane oxidation activity below the sulfate-methane transition zone in Alaskan Beaufort Sea continental margin sediments: Implications for deep sulfur cycling[J]. Geochimica et Cosmochimica Acta,144:217-237.

USSLER W,PAULL C K,1995. Effects of ion exclusion and isotopic fractionation on pore water geochemistry during gas hydrate formation and decomposition[J]. Geo-Marine Letters,15(1):37-44.

WANG J S,SUESS E,RICKERT D,2004. Authigenic gypsum found in gas hydrate-associated sediments from Hydrate Ridge,the eastern North Pacific[J]. Science China-Earth Sciences,47(3):280-288.

WANG J,JIANG G,XIAO S,et al.,2008. Carbon isotope evidence for widespread methane seeps in the ca. 635 Ma Doushantuo cap carbonate in south China[J]. Geology,36:347-350.

WANG J,SUESS E,2002. Indicators of $\delta^{13}C$ and $\delta^{18}O$ of gas hydrate-associated sediments [J]. Chinese Science Bulletin,47:1659-1663.

WANG L,SUN Z,CAO H,et al.,2021. A new method for the U-Th dating of a carbonate chimney deposited during the last glaciation in the northern Okinawa Trough,East China Sea[J]. Quaternary Geochronology,66:101199.

WANG M,CHEN T,FENG D,et al.,2022. Uranium-thorium isotope systematics of cold-seep carbonate and their constraints on geological methane leakage activities[J]. Geochimica et Cosmochimica Acta,320:105-121.

WANG W,HU Y,MUSCENTE A D,2021. Revisiting Ediacaran sulfur isotope chemostratigraphy with in situ nanoSIMS analysis of sedimentary pyrite[J]. Geology,49(6):611-616.

WANG Z,CHEN C,WANG J,et al.,2020. Wide but not ubiquitous distribution of glendonite in the Doushantuo Formation,South China:implications for Ediacaran climate [J]. Precambrian Research,338:105586.

WANG Z,WANG J,KOUKETSU Y,et al.,2017b. Raman geothermometry of carbonaceous material in the basal Ediacaran Doushantuo cap dolostone:the thermal history of extremely negative $\delta^{13}C$ signatures in the aftermath of the terminal Cryogenian snowball Earth glaciation[J]. Precambrian Research,298:174-186.

WANG Z,WANG J,SUESS E,et al.,2017a. Silicified glendonites in the Ediacaran Doushantuo Formation (South China) and their potential paleoclimatic implications[J]. Geology,45:115-118.

WASYLENKI L E,HOWE H D,SPIVAK-BIRNDORF L J,et al.,2015. Ni isotope fractionation during sorption to ferrihydrite:Implications for Ni in banded iron formations [J]. Chemical Geology,400:56-64.

WEHRMANN L M,TITSCHACK J,BÖTTCHER M E,et al.,2015. Linking sedimentary sulfur and iron biogeochemistry to growth patterns of a cold-water coral mound in the Porcupine Basin,SW Ireland (IODP Expedition 307)[J]. Geobiology,13(5):424-442.

WEI H,ALGEO T J,YU H,et al.,2015. Episodic euxinia in the Changhsingian (Late Permian) of South China:Evidence from framboidal pyrite and geochemical data[J].

Sedimentary Geology,319:78-97.

WEI H,CHEN D,WANG J,et al.,2012. Organic accumulation in the Lower Chihsia Formation (Middle Permian) of South China: constraints from pyrite morphology and multiple geochemical proxies[J]. Palaeogeography, Palaeoclimatology, Palaeoecology, 353/355:73-86.

WEI H,WEI X,QIU Z,et al.,2016. Redox conditions across the G-L boundary in South China: evidence from pyrite morphology and sulfur isotopic compositions[J]. Chemical Geology,440:1-14.

WHITICAR M J, 2020. The biogeochemical methane cycle [M]// WILKES H. Handbook of hydrocarbon and lipid microbiology. Switzerland:Springer.

WIGNALL P B, BOND D P G, KUWAHARA K, et al., 2010. An 80 million year oceanic redox history from Permian to Jurassic pelagic sediments of the Mino-Tamba terrane,SW Japan,and the origin of four mass extinctions[J]. Global and Planetary Change, 71(1):109-123.

WIGNALL P B,NEWTON R,1998. Pyrite framboid diameter as a measure of oxygen deficiency in ancient mudrocks[J]. American Journal of Science,298(7):537-552.

WIGNALL P B,NEWTON R,BROOKFIELD M E,2005. Pyrite framboid evidence for oxygen-poor deposition during the Permian-Triassic crisis in Kashmir[J]. Palaeogeography, Palaeoclimatology,Palaeoecology,216(3/4) :183-188.

WILKIN R T,BARNES H L,1996. Pyrite formation by reactions of iron monosulfides with dissolved inorganic and organic sulfur species[J]. Geochimica et Cosmochimica Acta,60 (21):4167-4179.

WOLFE A L,STEWART B W,CAPO R C,et al.,2016. Iron isotope investigation of hydrothermal and sedimentary pyrite and their aqueous dissolution products[J]. Chemical Geology,427:73-82.

XU F,LIN C,YOU X,et al.,2021. Microbial dolomite in culture experiment and natural environments:implication for dolomite genesis[J]. Geomicrobiology Journal,38:365-374.

XU H,2010. Synergistic roles of microorganisms in mineral precipitates associated with deep sea methane seeps [M]//BARTON L. Geomicrobiology: molecular and environmental perspective. Berlin:Springer Science.

YAN D,CHEN D,WANG Q,et al.,2009. Carbon and sulfur isotopic anomalies across the Ordovician-Silurian boundary on the Yangtze Platform, South China [J]. Palaeogeography,Palaeoclimatology,Palaeoecology,274(1/2):32-39.

YU W,ALGEO T J,DU Y,et al.,2016. Genesis of Cryogenian Datangpo manganese deposit:hydrothermal influence and episodic post-glacial ventilation of Nanhua Basin,South China[J]. Palaeogeography,Palaeoclimatology,Palaeoecology,459:321-337.

ZACHOS J C,ROEHL U,SCHELLENBERG S A,et al.,2005. Rapid acidification of the ocean during the Paleocene-Eocene Thermal Maximum[J]. Science,308:1611-1615.

ZAKY A H, BRAND U, BUHL D, et al., 2018. Strontium isotope geochemistry of modern and ancient archives: tracer of secular change in ocean chemistry[J]. Canadian Journal of Earth Sciences, 56(3): 245-264.

ZAN B, MOU C, LASH G G, et al., 2022. Diagenetic barite-calcite-pyrite nodules in the Silurian Longmaxi Formation of the Yangtze Block, South China: a plausible record of sulfate-methane transition zone movements in ancient marine sediments[J]. Chemical Geology, 595: 120789.

ZHANG B, PAN M, WU D, et al., 2022. Distribution and isotopic composition of foraminifera at cold-seep Site 973-4 in the Dongsha area, northeastern South China Sea[J]. Journal of Asian Earth Sciences, 168: 145-154.

ZHANG G, LIANG J, LU J, et al., 2015. Geological features, controlling factors and potential prospects of the gas hydrate occurrence in the east part of the Pearl River Mouth Basin, South China Sea[J]. Marine and Petroleum Geology, 67: 356-367.

ZHANG M, KONISHI H, XU H, et al., 2014. Morphology and formation mechanism of pyrite induced by the anaerobic oxidation of methane from the continental slope of the NE South China Sea[J]. Journal of Asian Earth Sciences, 92: 293-301.

ZHANG M, SUN X M, XU L, et al., 2011. Nano-sized graphitic carbon in authigenic tube pyrites from offshore southwest Taiwan, South China Sea, and its implication for tracing gas hydrate[J]. Chinese Science Bulletin, 56(19): 2037-2043.

ZHANG N, LIN M, SNYDER G T, et al., 2019. Clumped isotope signatures of methane-derived authigenic carbonate presenting equilibrium values of their formation temperatures [J]. Earth and Planetary Science Letters, 512: 207-213.

ZHANG S, 2020. The relationship between organoclastic sulfate reduction and carbonate precipitation/dissolution in marine sediments[J]. Marine Geology, 428: 106284.

ZHAO J, WANG J, PHILLIPS S C, et al., 2021. Non-evaporitic gypsum formed in marine sediments due to sulfate-methane transition zone fluctuations and mass transport deposits in the northern South China Sea[J]. Marine Chemistry, 233: 103988.

ZHENG W, LIU D, YANG S, et al., 2021. Transformation of protodolomite to dolomite proceeds under dry-heating conditions[J]. Earth and Planetary Science Letters, 576: 117249.

ZHOU C M, JIANG S Y, 2009. Palaeoceanographic redox environments for the lower Cambrian Hetang Formation in South China: evidence from pyrite framboids, redox sensitive trace elements, and sponge biota occurrence [J]. Palaeogeography, Palaeoclimatology, Palaeoecology, 271(3): 279-286.

ZHOU C, BAO H, PENG Y, et al., 2010. Timing the deposition of ^{17}O-depleted barite at the aftermath of Nantuo glacial meltdown in South China[J]. Geology, 38: 903-906.

ZHOU X, LU Z, RICKABY R E, et al., 2015. Ikaite abundance controlled by porewater phosphorus level: potential links to dust and productivity[J]. The Journal of Geology, 123: 269-281.